主战坦克大传奇

冯化太◎主编

汕头大学出版社

图书在版编目（CIP）数据

主战坦克大传奇 / 冯化太主编. -- 汕头 ： 汕头大学出版社，2018.8（2023.5重印）

ISBN 978-7-5658-3709-8

Ⅰ．①主… Ⅱ．①冯… Ⅲ．①主战坦克－青少年读物

Ⅳ．①E923.1

中国版本图书馆CIP数据核字（2018）第164019号

主战坦克大传奇　　　　　　　　　ZHUZHAN TANKE DA CHUANQI

主　　编：冯化太
责任编辑：汪艳蕾
责任技编：黄东生
封面设计：大华文苑
出版发行：汕头大学出版社
　　　　　广东省汕头市大学路243号汕头大学校园内　邮政编码：515063
电　　话：0754-82904613
印　　刷：北京一鑫印务有限责任公司
开　　本：690mm×960mm　1/16
印　　张：10
字　　数：126千字
版　　次：2018年8月第1版
印　　次：2023年5月第2次印刷
定　　价：45.00元
ISBN 978-7-5658-3709-8

前言
PREFACE

习近平总书记曾指出："科技创新、科学普及是实现创新发展的两翼，要把科学普及放在与科技创新同等重要的位置。没有全民科学素质普遍提高，就难以建立起宏大的高素质创新大军，难以实现科技成果快速转化。"

科学是人类进步的第一推动力，而科学知识的学习则是实现这一推动的必由之路。特别是科学素质决定着人们的思维和行为方式，既是我国实施创新驱动发展战略的重要基础，也是持续提高我国综合国力和实现中华复兴的必要条件。

党的十九大报告指出，我国经济已由高速增长阶段转向高质量发展阶段。在这一大背景下，提升广大人民群众的科学素质、创新本领尤为重要，需要全社会的共同努力。所以，广大人民群众科学素质的提升不仅仅关乎科技创新和经济发展，更是涉及公民精神文化追求的大问题。

科学普及是实现万众创新的基础，基础更宽广更牢固，创新才能具有无限的美好前景。特别是对广大青少年大力加强科学教育，使他们获得科学思想、科学精神、科学态度以及科学方法的熏陶和培养，让他们热爱科学、崇尚科学，自觉投身科学，实现科技创新的接力和传承，是现在科学普及的当务之急。

近年来，虽然我国广大人民群众的科学素质总体水平大有提高，但发展依然不平衡，与世界发达国家相比差距依然较大，这已经成为制约发展的瓶颈之一。为此，我国制定了《全民科学素质行动计划纲要实施方案（2016—2020年）》，要求广大人民群众具备科学素质的比例要超过10%。所以，在提升人民群众科学素质方面，我们还任重道远。

我国已经进入"两个一百年"奋斗目标的历史交汇期，在全面建设社会主义现代化国家的新征程中，需要科学技术来引航。因此，广大人民群众希望拥有更多的科普作品来传播科学知识、传授科学方法和弘扬科学精神，用以营造浓厚的科学文化气氛，让科学普及和科技创新比翼齐飞。

为此，在有关专家和部门指导下，我们特别编辑了这套科普作品。主要针对广大读者的好奇和探索心理，全面介绍了自然世界存在的各种奥秘未解现象和最新探索发现，以及现代最新科技成果、科技发展等内容，具有很强的科学性、前沿性和可读性，能够启迪思考、增加知识和开阔视野，能够激发广大读者关心自然和热爱科学，以及增强探索发现和开拓创新的精神，是全民科普阅读的良师益友。

目录
CONTENTS

地面突击之王主战坦克

主战坦克是装有大威力火炮、具有高度越野机动性和装甲防护力的履带式装甲战斗车辆，一般全重为40~60吨。主要用于与敌方坦克和其他装甲车辆作战，也可以压制摧毁敌反坦克武器、野战工事，歼灭敌有生力量。

主战坦克是具有能对敌军进行积极、正面攻击能力的坦

克，其火力和装甲防护力，达到或超过以往重型坦克的水平，是现代装甲兵的基本装备和地面作战的主要突击兵器。

从20世纪60年代开始，各国将原来的轻、中、重型坦克重新分类，中、重型坦克因是各国装甲部队的主力，就被称作主战坦克。

此后，为增强对装甲的破坏力，各国的主力坦克的重量快速飚涨，火炮口径也多加大为105毫米以上，滑膛炮则开始成为一些国家设计新一代主力坦克的首选。

美、德、英、法、俄罗斯等国家相继推出自己的新一代主

战坦克，代表车型有俄罗斯的T-72和T-80、美国的M1/M1A1、英国的"挑战者"、法国的"勒克莱尔"、德国的"豹-2"等。

主战坦克一般都装有1门105~125毫米坦克炮，发射尾翼稳定式脱壳穿甲弹，直射距离1800~2200米；配备热成像瞄准具和先进的火控系统，具有全天时作战能力。

主战坦克采用复合装甲或贫铀装甲，有的还披挂反应装甲，防护力比早期的坦克提高1倍；战斗全重一般在50吨左右，最轻的35吨，最重的62吨；越野速度每小时45~55千米，最大速度达每小时75千米。

主战坦克还装有陆地导航设备，能大纵深运动而不迷航。值得一提的是，中国的ZTZ-99式也是较为先进的，采用了当今先进的坦克制造技术。

主战坦克的设计目标是为了提供多功能的枪炮，使它们可以在任何战况下都能有效运作并保护坦克里面的机组人员。精密的电子仪器使得主战坦克可以在任何天候，不分日夜都能执行任务。

因任务的不同，有些主战坦克会装备反应装甲，可以对抗战场上常见的穿甲弹；装有先进的火控系统和完善的夜视夜瞄设备，可在核、化学、生物战争条件下使用。在历次战争中，如库尔斯克会战、伊拉克战争、以巴冲突和车臣战争中，主战坦克都展现出了不可替代的战略性作用。

拓展阅读

现代主战坦克的最大行程300~650千米，最大爬坡度约30度，越壕宽2.7~3.15米，过垂直墙高0.9~1.2米，涉水深1~1.4米，潜水深4~5.5米。

中国59式主战坦克

　　59式主战坦克是我国参考苏联T-54A中型坦克仿制的，也是中国陆军装备的国产第一代主战坦克。该坦克于1959年开始装备中国人民解放军陆军，在20世纪80年代以前一直是中国装甲兵的主要装备。

　　该坦克由车体和炮塔两部分组成。车体由轧制钢板焊接而

成，驾驶舱在车体前方左侧，车体中段是战斗舱，其上有炮塔，车体后部为动力-传动舱，发动机横向布置。

炮塔为铸造件，车内有4名乘员，驾驶员位于车内左前方，便于向前观察；车长位于火炮的左后侧，炮长位置在车长位置的前下方；装填手位置在火炮右侧。

车内携带炮弹34发，右前方炮弹架内有炮弹20发，左侧甲板固定有2发，右侧甲板固定有4发，炮塔右壁固定有2发，炮塔尾部固定5发，另有1发弹存放在炮尾下方战斗舱的底板上。安全门设在驾驶员座椅后方。

该坦克的主要武器是1门100毫米线膛炮，身管长5350毫米，身管前端有抽气装置，反后坐装置的驻退机和复进机并列布置在火炮上方，火炮可以发射钝头穿甲弹和榴弹，最大射速为每分钟7发。

辅助武器有1挺安装在炮塔顶部的12.7毫米高射机枪，1挺

同轴安装在火炮右侧的7.62毫米并列机枪和1挺安装在驾驶员右前方的7.62毫米前机枪。

该坦克装有1959年式100毫米坦克炮炮长瞄准镜。在车长指挥塔门周围装有4个观察镜；在指挥塔前部装有1个车长指挥观察镜。

在炮塔右侧装填手门前装有1具供装填手观察用的潜望镜，在炮塔左侧前边装有1具供炮长观察用的潜望镜，这2个潜望镜可以在垂直面上俯仰，也可在水平面上转动。

该坦克的推进系统采用V型12缸水冷柴油机，标定功率382千瓦，标定转速每分钟2000转，平均燃油消耗率每千瓦小时不大于238克；平均机油消耗率每千瓦小时不大于10.9克。冷却系和润滑系采用管片式水散热器和机油散热器。

该坦克采用固定轴式变速箱，有5个前进挡和1个倒挡，并采用多片干式离合器、二级行星式转向机和单对外啮合直齿轮侧减速器。

行动装置采用扭杆悬挂，每侧有5个钢制负重轮，在左、右侧第一和第五负重轮位置上各装1个液压减振器。采用单销式金属履带板，每侧91块。

该坦克防护系统采用均质钢装甲，车体由轧制钢板焊接而成，车内装有半自动灭火装置及手提灭火器2个。车后装有电点火烟幕筒2个。

该坦克后来又陆续发展了59-1式、59-2式和59-2A式中型坦克以及73式中型坦克抢救牵引车几种改型。

1979年进行了改进设计，在59式中型坦克上安装了激光测距仪和自动装表式火控系统、转向液压助力系统、热电偶传感器的自动灭火装置、车体屏蔽裙板、伪装天线、机油失压报警装置和便于开启的安全门等。

经过改进的坦克称为59-1式中型坦克。该坦克在火炮首发命中率、防护能力、机动性、降低乘员疲劳程度、使用方便性等方面较59式中型坦克均有较大程度的提高，并为后来老产品的改进打下了良好的基础，已装备部队。

随着技术的发展，59式和59-1式中型坦克所安装的100毫米线膛炮可发射钨头穿甲弹、破甲弹和榴弹。钨头穿甲弹初速为1435米/秒，穿甲威力有很大提高。

20世纪80年代初，在59式中型坦克上安装了具有自紧身管的105毫米线膛炮、能有效防止二次效应的自动灭火抑爆系统、VRC-8000型电台和VIC-I型车内通话器，保留了59-1式中型坦克上若干成熟的改进项目，这就是新设计和研制的59-2式中型坦克。

105毫米线膛炮能在2000米的距离上击穿150毫米的均质钢装甲板，大大增强了火炮威力。自动灭火抑爆系统大大提高了坦克的生存力。该坦克采用新的通信设备，使通信距离也成倍增加。59-2式中型坦克于1981年设计，1984年设计定型，1982—1985年生产，已装备部队。

该坦克的105毫米线膛炮配有尾翼稳定脱壳穿甲弹、破甲弹和碎甲弹；弹药基数为38发；安装了激光测距仪和自动装表火控系统；采用了液压助力转向操纵装置和粉末冶金刹车瓦制动带；车外两侧安装了裙板。

　　经过改进的59-1、59-2式中型坦克均能安装挂胶履带板，改善了坦克在公路上的行驶能力。

　　1984年底，中国第一拖拉机制造厂等单位开始研制59-2A式中型坦克。1985年10月制出1辆初始样车，安装了带有轻型热护套的105毫米火炮、双向自动装表简易火控系统、车首挂装复合装甲、自动灭火抑爆装置和自动灭火装置，同时采用热烟幕和烟幕弹发射器、液压助力操纵装置以及工程作业装置等。

　　试验表明，该坦克的火力及机动性较59式坦克有了明显提高，防护力、机动性和使用性能也有较大提高，工作可靠性好，对原59式坦克的工艺继承性强、成本低。

同一时期，73式中型坦克抢救车也改制成功。该抢救车是59式中型坦克的变型车，由59式中型坦克去掉炮塔后在底盘上安装绞盘、手摇式吊架和驻锄等装置设计而成。

该抢救车用于对战斗损伤、淤陷以及其他失去自救能力的装甲车辆实施抢救。对失去自行能力的车辆能实施刚性牵引；对淤陷或坠岩的车辆利用绞盘施行拖救，拖救时将驻锄插入地表以防履带滑移。

该车和其他工程车辆相配合可完成战地换件修理等技术保障任务，车上备有可拆卸的手摇式吊架，起吊重量可达1000千克，可以用于更换发动机及其他部件。

拓 展 阅 读

59式主战坦克战斗全重34吨，乘员4人，最大时速50千米，最大行程560千米。车体首部和侧面的装甲较厚，炮塔成流线型，具有良好的抗弹能力。坦克具有较强的火力，装甲防护和机动性能良好，重量较轻，结构简单，工作可靠，使用维护方便。

中国98式主战坦克

    98式主战坦克是中国第三代主战坦克，综合性能达到世界先进水平。该坦克于20世纪80年代研发，因种种原因试车几经延迟，1999年10月1日阅兵式上正式公开。

    98式坦克的外形高不到2.3米，车首和炮塔正面采用可更换式新型复合装甲。其中车首用均质轧制装甲焊接而成，重要部位采用迭层陶瓷复合装甲加强。

    98式坦克的装甲板为多层复合装甲，具体结构为钢-玻璃纤维板-超硬钢-钢，总厚度为220毫米，倾角为22度，其防护能力相当于500~600毫米均质装甲。

    车体首下装甲板厚度为80毫米，挂装有两块大型钢质塑料板，也可以挂一具推土铲。车体两侧安装有8毫米厚夹布橡胶履带裙板，前护板和侧裙板对带倾斜引信的反坦克地雷和破甲弹有一定防护作用。

    另外，为保护驾驶员的安全，其座椅悬吊在车体上，底部加强了防护装甲，两侧各焊接有一根垂直钢架，用以提高结构强度。

    98式坦克的炮塔装甲由复合材质和特种钢组成，两者间的夹层内还有特种材质，故又称间隙式复合装甲。其在2000米距离上可抗击穿甲能力在700毫米的动能穿甲弹和破甲能力在800毫米以上的破甲弹。

　　如果披挂上附加装甲，在车重增加0.7吨的情况下，98式坦克的抗APFSDS穿甲能力在830毫米以上，抗HEAT穿甲能力在1060毫米以上；在炮塔和车体上安装新型双防反应装甲后，抗APFSDS和HEAT的能力可达到1000~1200毫米。另外，98式坦克的侧屏蔽前端还装有反应装甲，顶部装甲也得以强化。

　　为进一步增强98式坦克的生存力，其上安装了反导软防护系统。该系统由JD-3红外干扰机、烟幕弹系统、激光告警装置和控制系统组成。JD-3红外干扰机由红外发射机、电源和控制装置、控制板组成，系统总质量为75千克。

　　JD-3红外干扰机的方位覆盖范围为主炮两侧22度方位角，高低覆盖范围是5度，在探测到来袭目标后2秒内发射0.7—2.5微米波段的红外脉冲辐射讯号。红外干扰机能够持续发射编码红外脉冲干扰讯号，使红外制导反坦克弹药的制导电路产生假讯号，可有效干扰"TOW""龙""霍特"等反坦克飞弹。

　　烟幕弹系统由94式烟雾发射器和97式烟幕弹组成。该系统可在3秒内在距离坦克50~80米处形成气溶胶烟雾屏障，对敌方的激光目标指示器和激光测距机产生屏蔽，对0.4—14微米波段具有较好的遮蔽作用，持续作用时间为20秒。

　　试验证明，该系统可使"TOW""龙""小牛""地狱火"等反坦克飞弹的命中率降低75%~80%；使"霍特""米兰"等反坦克飞弹的命中率降低三分之二；使激光测距机辅助

射击的各种火炮命中率下降三分之二。

　　除软防护系统外，98式坦克上还可以安装新型主动式防御系统。该系统由控制装置、毫米波雷达、发射系统组成，各子系统采用了模块化设计，可以快速更换。

　　该系统的工作原理是：车长将系统置于工作状态，此时雷达采用监视工作状态。当探测到距坦克50米之内、在规定的范围内飞行的目标时，雷达自动转换成跟踪模式，并向火控计算机提供目标的弹道数据，由火控计算机确定来袭弹药是否可能命中坦克。

　　如判断来袭弹药会命中坦克，雷达则提供精确跟踪数据，计算机确定防御弹药的发射位置和时间，在来袭弹药距坦克1.5~4.2米处爆炸，击中来袭弹药，使来袭弹药的弹头提前爆炸或使其偏离飞行轨道。

如判断来袭弹药不构成威胁，雷达则恢复到监视状态。主动防御系统可对付速度为70~700米/秒的来袭目标，系统重新做好准备只需0.2~0.4秒。另外，该系统可自动识别假目标，如飞鸟、子弹、炮弹破片和己方发射的炮弹或导弹等。

主动防御系统可安装在多种装甲车辆上，可将装甲车辆的生存能力提高近2倍。安装该系统的坦克不会对其他坦克产生电磁干扰，系统本身也有良好的反电子干扰能力。

在98式坦克的内部安装有集体三防装置和自动灭火抑爆系统，战斗舱、驾驶舱及其舱盖的内壁加装有一层防辐射衬层，可降低r射线对乘员的伤害。此外，在坦克被穿甲弹击中时还可以防止乘员受到从内部崩落的碎片的伤害。

经测试，坦克战斗舱内，由HEAT射流引起的车内油气混合物爆炸，会在140~240毫秒内形成0.35~1.4兆帕的超压，有的甚至达到2兆帕，伴随爆炸形成的热辐射强度可达每平方厘米6~10瓦。

当弹丸穿透装甲板时，车内人员很容易受到三种主要危害：压力冲击、皮肤烧伤和毒剂效应。对人体而言，假如作用于身体的压力时间超过50毫秒，0.1兆帕以上的超压通常会造成肺部永久性损伤。0.3兆帕以上的超压将使人员的死亡率达50%。当超压值达到0.4~0.5兆帕时，人员将必死无疑。

按医学要求，皮肤以下0.08毫米深处的温度超过43.5摄氏度，身体裸露部位将遭受难以恢复的2度烧伤。或者用热辐射计表示，即每平方厘米10瓦强度的热辐射作用在皮肤上的时间超过100毫秒时，所引起的皮肤烧伤将会达到1度。

除了超压、皮肤烧伤外，毒剂对乘员的伤害也不能忽视。在残酷的战场环境下，当车辆中弹时，车内乘员处于高度紧张、担忧状态。人员体内肾上腺素将会增高，这会增加人体对毒性物质的敏感性。

毒性物质来自爆炸后的产物、燃烧的产物及热分解产物。爆炸产生的毒性物质取决于来袭弹药的性质，燃烧和热分解产生的毒性物质的多少取决于感受穿透射流的敏感速度和灭火的持续时间。

综上所述，装甲车辆内一旦发生"二次效应"，对车内乘员的伤害将是致命。因此，给装甲车辆配备高效的灭火和抑爆系统，预防"二次效应"，对提高坦克在战场上的生存能力有着极其重要的作用。

在装甲车辆内，有效的灭火抑爆系统应该具备敏感的探测器、快速的控制系统和有效的灭火剂，这样才能有效制止爆炸和彻底地避免"二次效应"。通过研究人员地反复试验证明，如在130毫秒内扑灭坦克内的各种火灾，就能够避免各种油气混合物的爆炸。

在预防2度烧伤时，只要每平方厘米10瓦热辐射作用在皮肤表面的时间不超过100毫秒，就能使乘员避免遭受较为严重的2度烧伤。但是，如果压力的作用在50毫秒以上时，同样会造成人体的各部位损伤甚至死亡。因此，自动灭火抑爆系统的反应时间越快，抑制超压和避免烧伤效果就越好。

早在20世纪60年代初期，我国就展开了装甲车辆自动灭火系统的研发，但由于各种原因进展缓慢。直到中越边境冲突后，战场上的血的教训使解放军提高了对装甲车辆自动灭火装置作用的认识并产生了迫切要求，自动灭火系统的研究工作因而加快。

1980年，我国自行研发了80式自动灭火装置并装备于各型装甲车辆上，经实践证明，使用效果良好。但是，该系统还不具备抑爆功能。因此，20世纪80年代初，中国引进了"SAFE"系统，并很快完成了样机试制和全部系统的国产化。后来，在其基础上我国又发展了更先进的自动抑爆系统。

98式坦克上装备的是92式自动灭火抑爆系统，该系统由关系探测器、控制盒、灭火瓶、紧急开关和电缆组成。

该系统可在50毫秒内抑制由于HEAT射流引起的战斗舱油气混合物爆炸，并能够将油气爆炸产生的压力限制在0.1兆帕以内，这样能够使乘员的皮肤烧伤程度限制在1度以下，故可以达到灭火抑爆作用，防止"二次效应"发生。

在灭火瓶中，装有液态的"哈隆"1301灭火剂，并充满氮气，阀体直接装在瓶口上，不使用分布管路，这样可以极大地缩短喷射时间。

在机动性能方面，我国在20世纪80年代末成功研发了多种1200马力的大功率柴油引擎。其中150HB系列的1200马力涡轮增压中冷式大功率柴油引擎的性能较为出色，被选中作为98式坦克的动力系统。

可能是在设计时参考和借鉴了德国MTU公司引擎的设计理念，所以150HB引擎与其有着惊人的相似之处。

由于安装了大功率引擎，51吨重的98式坦克的单位功率达到了每吨23.54马力，最大公路时速高达每小时70千米，0~32千米加速时间为12秒。在输出功率相同的情况下，150HB引擎的质量比英国"挑战者"坦克上安装的引擎轻15%。

为适应装甲兵的发展要求，我国在150HB柴油引擎的基础上研发成功了具有世界水准的150HB1500马力大功率引擎，其研制时瞄准的目标是德国的MT883型引擎。

经测试，98改进型坦克的最大公路时速和最大越野时速分别为每小时80千米和每小时60千米。

在98式坦克上仍采用传统的机械传动、液力控制装置。传动装置由传动箱、两个侧变速箱和同轴侧传动器组成。侧变速箱为行星式，带摩擦离合器，采用液力操纵，有7个前进挡和1个倒挡，每个变速箱内有2个闭锁离合器和4个机械式制动器。

在行走部分上，98式坦克采用两条双销挂胶履带、6对直径为730毫米的双缘路轮、两对挂胶托带轮、两对挂胶托边轮以及主动轮和诱导轮组成，主动轮在后，诱导轮在前。

在第一、第二和第六路轮上安装有液力套筒式避震器和"Z"形轴避震器。悬吊装置的扭杆沿底甲板横向布置，操纵装置的拉杆沿侧甲板布置。

由于对扭杆进行了改进，路轮行程增至340毫米，从而使车辆平均行驶速度提高了12%，从停车状态加速到每小时42千

米只需10秒。

　　由于98式坦克的设计借鉴了T-72坦克的许多设计理念，所以从整体看，98式坦克就像T-72的放大版。98式坦克的底盘较T-72长出近1米，其负重轮分布也较后者稀疏。与以往我国陆军的坦克相比，98式坦克的最大的变化体现在其炮塔方面，一改传统的卵形铸造炮塔，全面采用焊接结构，其正面与M1系列坦克有许多相似之处。

　　从整体布局上看，98式坦克仍采用传统布局模式，驾驶室前置，战斗室居中，动力室后置。

　　车体采用装甲钢板焊接结构，由首部、侧部、尾部、底部以及风扇隔板、动力舱隔板合动力舱顶盖组成，车首上装甲板焊接有一对带弹性卡锁的牵引钩、两个前灯防护支架。

车体翼子板上固定有外燃油箱、燃油供给管路、备品、工具附件箱以及外机油箱，车体尾部支架上固定有两个备用油桶。

坦克驾驶员位于车体前部中央，驾驶室上配有一扇单片舱门，舱门前的镜室内装有1具昼用单倍潜望镜和2具潜望镜。此外，驾驶员还配有1具双目微光夜视潜望镜，夜间视距为200米。

在车体前装甲板内侧，布置有驾驶员舱门螺杆关闭装置和92式辐射与化学探测器以及滤毒通风装置。驾驶舱右侧布置有右燃油箱和弹架油箱，左侧有左燃油箱，驾驶员检测仪表板、蓄电池组以及电气设备，后面是自动装填机的旋转输弹机。

驾驶员室设有驾驶员座椅，座椅前面底部装甲板上安装有操纵杆，右前方有油门踏板、燃油分配开关和预压泵开关，在启动引擎时，驾驶员必须将燃油分配开关置于通位，并接通预压泵。

驾驶员的右边有变速操纵档位选择器，上有两个手柄，一个方向选择手柄，一个单位选择手柄。在驾驶员的左边还有手动制动操纵手柄，在其附近还安装有各系统的电气操纵系统。

战斗室位于坦克中部，炮塔前部中间安装有火炮，火炮右侧安装有并列机枪，炮塔内是车长和炮长的位置，其中车长位于炮塔内火炮的右侧，在车长舱盖的四周设有5个观察镜，指挥塔前方安装有1具周视瞄准镜，在周视瞄准镜的后面和车长舱盖右侧各有1个高射机枪枪架；炮长位于火炮的左侧，炮长舱盖前面有1具观瞄镜。

动力传动室位于坦克后部，与战斗室以装甲隔板隔开。动力系统可整体吊装，布局紧凑，与以往的坦克相比，98式坦克的战斗室加大了使用空间，为日后安装更大口径的坦克炮保留了余地。

98式坦克的火控系统采用了国际上先进而流行的猎-歼式火控系统，其最显著的特点是射击反应时间短，当静对静时小于等于5秒，静对动时小于等于7秒，动对动时小于等于9秒，在2000米距离上首发命中率可达85%以上。

由于该坦克还安装有最新型的国产瞄导合一的大闭环式火控系统，从而大大提高了我军坦克次发命中率，在2000米距离上对运动目标进行的46次第二发补射中，命中率为百分之百。

另外车长还可以对火控系统进行超越炮长的控制，包括射击、跟踪目标和指示目标等；因此，就整体性能而言，这套火控系统已具备世界先进水平。

98式坦克上的炮长用热像仪是解放军装备的比较先进的热成像系统，该热像仪的探测器为SPRITE探测器，其光敏面是粘贴在蓝宝石衬底上以光刻掩膜而成的8条碲镉汞芯片。

SPRITE探测器与单元数组探测器相比，其优点是探测器就完成了时间延迟积分处理。SPRITE探测器必须在80K左右且真空中才有良好的性能，所以它需要封装在杜瓦瓶里，由制冷机对杜瓦瓶进行制冷。

98式坦克上炮长热像仪采用分置式斯特林制冷机制冷，连续工作时间在12小时以上，试用探测器工作的制冷时间为5分钟。热像仪全重42千克，采用串并联方式扫描，在昼间对坦克目标的识别距离为2600米，夜间为2750米。

我国现已研发成功第二代热像仪，该热像仪不需光电扫描，由探测器直接接受全视场的热辐射讯号而成凝视图像，因此也称凝视焦平面热像仪。

其作用距离可达7~9千米，灵敏度和分辨率比第一代热像仪有很大提高，且结构紧凑，造价低廉，平均无故障时间为4000小时，在能见度只有100米的恶劣环境中对目标的发现距离为4000米，识别距离3100米。该热像仪已安装在98改进型坦克上。

98式坦克上采用的是新型VHF-2000型坦克通信系统，该系统具备良好的电子对抗性能，系统通用性好，便于使用维修，可靠性高，电磁兼容性及同台多机工作性能良好等特点。

在98式坦克炮塔后部右侧，有一具敌我识别与激光通信系统，其激光敌我识别与激光光波作为载波传递讯号。这是一套小型化的一机多功能的车载系统，供车长用于敌我识别、发射数字指令、进行语音通信，并可发展用于激光搜索。

系统的全方位接收机控制头也可用于对0.9~1.06微米激光告警器。该系统可抗光、电、磁干扰，识别一次目标时间只要0.6秒，有60种敌我识别密码。系统能显示敌我识别结果。数字通信指令、正在通信与等待通信车的概略方位。

另在坦克炮塔尾舱右侧顶甲板上方，装有9602型GPS导航定位接收天线，负责接收并放大导航卫星发射的高频讯号，并变成中频讯号送入接收机。

在炮塔尾舱内右侧甲板上，接收并处理来自天线的中频讯号盒来自GPS接收机显示控制器的控制指令，其显示控制器安装在炮塔内右侧座圈下方，显示导航信息并输入输出控制指令。

9602型GPS卫星导航仪是二通道的C/A码接收机，可对4颗卫星按时分制进行时序观测，如果可供观测的卫星只有3颗时，接收机可以将人工输入的高程或上次三维定位得到的高程作为已知值，进行二维定位，实时求出经纬值。

对于军事用户而言，可将经纬值交换成我国军用网络坐标值。9602型GPS接收装置被动式导航、无积累误差、保密性较好，可全天候向乘员提供坦克所处位置的三维坐标式军用网络直角坐标，能提供坦克的行进方位、行进速度等数据。

输入目标可提供目标的方位和距离，输入多个航路点后可建立航线，并对偏航距离和接近目标距离进行报警。设备本身具备进行共况自检和故障诊断功能。

在98式坦克炮长舱门后部基座上，装有一具新颖独特的装置，此即为激光压制观瞄系统。由于红外干扰机的作用仅局限于干扰红外制导方式的炸弹，不能干扰其他方式制导的炸弹，要具备多功能干扰能力，就要为坦克配备多种不同的光电对抗设备。

　　该系统在与敌方对抗时，能起到干扰和压制对方观瞄系统的作用。该系统供车长或炮长操作，能发射激光束对敌方观瞄体系进行压制、干扰。

　　由于激光束固有的特性，既然能压制干扰观瞄系统，那么对人体的危害性是不言而喻的。特别是对于使用直视型光学观瞄镜对己方观瞄的敌方人员的眼睛，其杀伤效果特别明显。

　　另外，激光压制观瞄系统还可以对敌方使用可见光、近红外光电传感器的火控、制导系统实施干扰，使之饱和失

效，甚至产生永久性损坏，即仪器致盲，从而使之失去战斗能力。

同样，为预防敌方对己方实施激光照射，98式坦克上的驾驶员均配有防激光光镜。激光压制观瞄系统由微机控制器、跟踪转台及随动系统、激光压制仪、热成像干扰机组成。

为实现车长、炮长遥控跟踪瞄准，对跟踪转台采用数字式位置死循环控制方式。该系统可360度全方位工作，从炮长或车长按下按钮到系统对准目标只需1秒钟。激光器的寿命为120万次。

拓展阅读

经过多年的努力，我国已经能够生产1500马力的坦克用柴油机，并且已经用到了99A型主战坦克上。大马力的柴油机将使新式坦克的机动性能大大提高，功率与西方国家先进的坦克相比毫不逊色。

中国99式主战坦克

　　99式主战坦克是中国陆军最先进、最新型的主战坦克，也是世界上最先进的主战坦克之一。其具备优异的防弹外形，是中国陆军装甲师和机步师的主要突击力量，被称为中国的陆战王牌第三代主战坦克。作为中国第三代坦克，其强大的火力性能和综合性能为其赢得了称赞。

　　20世纪80年代以来，世界各国装备的主战坦克大部分已经进入了战后第三代主战坦克。豹-2、M1A2等西方主战坦克的火力性能、机动性能和防护性能已经达到顶点。

　　对越自卫还击作战时，我军仍大量装备第一代的59式坦克，在战时暴露出了大量问题，我国坦克发展迫切需要追上世界各国。

　　20世纪80年代，我军研制并装备的第二代主战坦克80式、85式采用了西方坦克的技术，与我军长期使用苏式装备不同，整体性能达到了战后第二代主战坦克的优秀水平。

　　但由于定型时间晚，那时苏联和西方发达国家已经大规模装备T-80、M1A2和豹-2等第三代主战坦克，所以80系列主战坦克仅少量装备部队。

　　为了尽快赶上世界各国第三代主战坦克的步伐，我国加紧了第三代主战坦克的研制。而对于三代坦克是使用西方坦克设计还是苏式传统风格，内部产生了讨论。

　　由于我国已经获得了苏联T-72主战坦克的技术，决定以苏式设计为基础开始研制第三代主战坦克，辅以某些西方更先进的坦克技术，1989年开始研发，项目工程代号WZ123。

　　1998年三代坦克初步研制成功，并开始小规模列装部队。1999年定型后正式被称为ZTZ99式主战坦克。在炮塔前方挂装

了模块化楔形装甲的99式主战坦克，在外形上显得威武无比。

99式主战坦克的底盘借鉴了苏联T-72主战坦克底盘，战斗全重超过51吨，火炮向前时车全长约10米，车长7.6米，宽3.5米，高2.37米。与以往的国产坦克相比，99式主战坦克的几何尺寸增大许多，为容纳125毫米火炮、大功率发动机、先进火控系统等提供了条件。

99式主战坦克的自重，加上大量应用复合装甲，防护水平比起80系列坦克有了质的飞跃，达到西方第三代主战坦克的水平。

99式主战坦克采用了传统的坦克布局，从前往后舱室依次是驾驶舱、战斗舱和动力舱。99式主战坦克的驾驶员位于车体前部正中，车长和炮长位于战斗舱，炮长在左，车长在右。动力传动舱在后，和战斗舱用装甲甲板隔开。

与我军传统坦克不同，在外观上，99式的炮塔没有采用苏式传统的卵形铸造炮塔，而是采用焊接结构的西方式炮塔。

在复合装甲的时代，焊接炮塔开始展现优势，因为比起T-72的卵形铸造炮塔，焊接炮塔利于布置大厚度、大倾角的复合装甲模块。M1A2、豹-2、挑战者等西方三代坦克正是因为采用焊接炮塔，确立了对T-72、T-80坦克的防护优势。

99式坦克的动力系统采用WR703/150HB系列柴油机，这种发动机是从德国MTU公司MB870系列V型液冷柴油发动机的基础上发展而来的，发动机输出功率可高达1500马力。

对99式坦克超过50吨的战斗全重来说，该发动机可以提供较高的机动性能。99式坦克采用了扭转弹簧悬挂系统，最大公路时速可以达到每小时70-80千米，从0加速到每小时32千米时间仅为12秒，最大行程可达450千米。

西方国家工业基础雄厚，发动机水平高、动力传动系统的可靠性好，我们的坦克无论与M1A2、豹-2A6或者90式相比，还有一定差距。不过随着我国新一代大功率1103千瓦，即1500马力发动机的研制成功，这种差距将进一步缩小。

99式主战坦克的火力配置与苏联T-72坦克的火力配置类似，乘员数量为3人。主要装备有一门50倍口径的国产125毫米高膛压滑膛坦克炮，装备三种弹种，分别是尾翼稳定脱壳穿甲弹、破甲弹、榴弹以及炮射导弹。弹药基数超过40发，该炮装有性能可靠的自动装弹机，火炮射速可达每分10发。

　　发射尾翼稳定脱壳穿甲弹时初速为每秒1760米，直射距离2300米，对均质装甲的穿甲厚度600毫米以上，发射破甲弹时初速每秒1000米。使用钨合金尾翼稳定脱壳穿甲弹时，可在2000米距离上击穿890毫米的均质装甲，而使用特种合金穿甲弹时，同距离穿甲能力达960毫米以上。

　　该炮能发射我国仿制的俄125毫米口径炮射导弹，该导弹最大射程5200米，最大破甲深度700毫米。

　　在冷战期间，中国长期面对苏联装甲洪流的强大压力，因此非常重视坦克炮和尾翼稳定脱壳穿甲弹的研究。加上改革开放后，对俄罗斯、西方火炮技术的引进吸收，99式主战坦克的125毫米火炮及配套穿甲弹，已经超越俄罗斯的125毫米坦克炮，与美国、德国同类产品处于同一水平。

　　美国M1A2主战坦克在2000米距离上的穿甲能力为810毫米，德国的豹-2A6主战坦克约为900毫米，日本的90式主战坦克为650毫米。

　　炮塔上右方配置12.7毫米高射机枪一挺，备弹500发；火炮右侧有7.62毫米并列机枪一挺，备弹2500发；炮弹基数40发；炮塔两侧各有5个82毫米烟幕弹发射器。

　　与西方主战坦克相比，国产坦克一般都忽略对辅助火力的精心配置。西方坦克的机枪一般装在环形枪架上，射界非常开阔，利于坦克对敌方迫近步兵的压制。而99式坦克的12.7毫米机枪是安装在固定枪座上，左右射界受到很大限制。

由于人类社会城市化进程加剧，未来的地面战斗很可能在城市中打响，坦克的辅助火力也变得日益重要。西方各国相应推出了无人武器站，方便坦克乘员在车内控制机枪、自动榴弹发射器等辅助火力，而这类装备国内尚在起步阶段。

99式主战坦克装有车长与炮长独立观瞄装置与热像仪、激光测距系统，加上先进的计算机稳像式火控系统与导航系统，包括热成像仪、稳定式测距瞄准具、弹道计算机、车长控制面板、横风传感器、倾斜传感器、角速度传感器等。

其炮塔左后方的组合式光电系统，包括有热成像仪和激光测距机，它的出现表明我国坦克的夜视夜瞄能力有了突破性的进展。探测距离号称可达7~9千米，恶劣气候条件下仍能达到3~4千米，行进间对2000米外目标的首发命中率达90%以上。火控系统的反应时间小于6秒。

由于采用了先进的计算机稳像式火控系统，使得99式坦克具备了在行进中对活动目标的射击能力，首发命中率在90%以上。车长具有超越射击能力，虽然相关条件不明，这些数据已达到西方第三代主战坦克的水准。

此外，还采用了国际上先进而流行的猎-歼式火控系统，其最显著的特点是，车长可以对火控系统进行超越控制，包括射击、跟踪目标和指示目标等。

在坦克炮塔后部装有激光目眩压制干扰装置，最大作用距离4000米，"激光压制观瞄系统"相对于西方主要国家的主战坦克，我们的这套系统的确可以称得上是独具特色，4000米内可让敌军坦克瞬间变成瞎子。

夜战能力方面装有我国第二代凝视焦平面热成像仪，夜间或复杂气象条件下，对坦克目标观察距离达7~9千米，平均无故障时间为4000小时。在能见度只有100米左右的恶劣环境中对目标的发现距离为4000米，识别距离为3100米，具备了在昼、夜间于运动状态下对运动目标射击能力。

99式主战坦克上安装了先进的下反稳像式火控系统，该系统属于指挥仪型数字式坦克火控系统。它通过一个自由度陀螺仪稳定瞄准镜中的下反射棱镜来实现炮长瞄准线的双向稳定。在瞄准时，炮长操纵瞄准镜，使瞄准线瞄准跟踪目标，则火炮随动于瞄准线。

当炮长在坦克行进间从瞄准镜向外观察目标时，瞄准镜中的目标和背景几乎是不动的，极大地方便了炮长在坦克行进间进行射击，而且射击时只需一次瞄准。

一名99式主战坦克的炮手在接受采访时也说，三代坦克只要瞄上目标，火炮就像磁铁一样被目标吸引着，不论车体如何起伏，火炮仍指向目标方向。

由于下反稳像式火控系统的装备，99式主战坦克不同于过去的中国坦克，它可以在行进间进行更为精准的射击。

99式主战坦克的炮塔没有采取鹅卵石式铸造炮塔，而是采取了全焊接钢装甲结构，这样避免了在浇铸过程中造成的装甲厚度不均匀，使得其装甲防护性能较老式中国坦克有了较大的提高。

99式坦克装配厚度为220毫米、倾角为68度的复合装甲，再加装了前部的楔形模块化装甲，正面的防护达700毫米，车体防护能力相当于500~600毫米厚的均质钢装甲。如果在炮塔和车体上加装新型主动反应装甲后，抗装甲和破甲弹的能力可达1000~1200毫米。

众所周知，坦克最大着弹部位是炮塔，99式主战坦克在炮塔装甲上下了大工夫，其防护性能十分出众。在1997年冬季进行的低温试验中，99式坦克经受了14发105尾翼稳定脱壳穿甲弹的攻击，没有一发能够击穿它的前装甲。

99式主战坦克还在正面防护弧度范围内安装了复合装甲。

炮塔构形扁平，拥有极佳的抗弹性。

炮塔由复合装甲板构成，炮塔前的复合装甲厚度600毫米左右，炮塔的其他部位则被铁栅栏及各种附加物所包围。由于复合装甲为组合件，故可随着装甲技术的进步而更新。可挂装复合反应装甲板或屏蔽装甲。车内装有高效自动灭火和抑爆装置，可在10毫秒内熄灭火灾。

除了装甲防护，99式主战坦克在炮塔两侧拥有10具发射筒，可以发射烟幕弹制造烟幕干扰敌方。另外，将燃油喷入排气管，99式坦克可以制造可持续4分钟长达400米的烟幕。

美国的M1A2车体和炮塔的装甲厚度相当于600毫米和700毫米的均质装甲，德国的豹-2A6车体和炮塔的装甲厚度相当于580毫米和700毫米的均质装甲，日本的90式车体和炮塔的装甲厚度相当于500毫米和560毫米的均质装甲，由此看来，我们的ZTZ99主战坦克与西方坦克的防护水平基本上在同一层次上。

拓 展 阅 读

99式主战坦克在防护方面仍不如美国装备了贫铀装甲的M1A2；因为采用焊接炮塔，安装了大厚度、大倾角的复合装甲及附加装甲，99式的炮塔正面防护可能优于俄罗斯的T-90。

美国M1系列主战坦克

美军的M1系列坦克衍生于美德合作的"MT70"计划，它诞生得比较仓促，是典型的一开始性能不佳依靠改进获得高性能的一款坦克，因此M1系列坦克的改进也就非常值得研究，尤其

在各国对新一代坦克概念研究停滞不前而坦克改进成为时尚的今天。

M1主战坦克是由美国通用动力公司地面系统分部制造。第一辆M1坦克在1978年制造完毕，第一辆M1A1和M1A2分别于1985和1986年出厂。通用动力地面系统公司为美国陆军、海军陆战队、埃及、沙特阿拉伯和科威特陆军生产了总共8800多辆M1和M1A1坦克。

现在服役的M1坦克一共有3个主要型号，20世纪80年代的M1坦克，还有后来的M1A1和M1A2。从1985年到1993年间生产的M1A1系列使用了120毫米主炮来代替M1中使用的105毫米主炮，以及改进悬挂系统、炮塔结构、装甲防护能力和核生化三防系统。

M1A2系列主战坦克除了拥有M1A1的改进外，还增加了一个独立的车长热像仪、一个非独立的车长武器操控台、定位导航设备，并且提供了数字总线和无线电接口，从而使M1A2具备了在同一战场多台战车间传递战场图像的能力。

美国陆军在发展新式坦克上选择了在有限的预算下制造最好的坦克的合理目标。在这样的目标指引下，他们制定了如下目标，并且按照优先级进行了排序：

乘员生存性能、目标监控和目标捕获能力、首发和次发命中率、目标的快速获取和打击能力、通过能力、弹药通用能力、装备生存性能、乘员舒适性、侧面被弹面积、加速和减速性能、备弹量、人性因素、生产能力、使用范围、速度、后勤诊断维护能力、升级潜力、设备支持和可运输性。

　　为了实现最佳的坦克设计的目标，美国陆军选择了具有竞争性的研发流程，分别选择了克莱斯勒公司、M-60系列坦克的制造商和通用汽车公司，通过资助这两家公司的设计，并从中挑选未来的方案。

　　1973年6月，美国陆军同时和克莱斯勒公司与通用汽车的底特律柴油机阿里逊分部公司签约，以制造新坦克的原型样车，项目编号XM1，后来被命名为M1"艾布拉姆斯"。

　　1976年1月，原型样车被交付美国陆军进行测试。1976年11月，在推迟了4个月后，美国陆军宣布克莱斯勒公司的方案被选择作为生产型号进入量产。1979年，生产工作从位于利马的陆军利马坦克厂开始，1980年第一台生产型坦克完成下线。M1的设计从开始就具备如下优点：特别的装甲、热成像仪、良好的火力控制系统和涡轮发动机等。

　　英国不列颠陆军研究所还提供了新的特别装甲的设计概念：一种类似于传统的在钢装甲内部嵌入多层特种陶瓷，并且在外部敷设普通的钢装甲板。

　　这种新的装甲，后来被人们称作夹层装甲，在遇到反坦克导弹或者破甲弹等不同战斗部的打击时，提供了异乎寻常的保护。因此，阿伯丁试验场的弹道研究实验室进行了一系列撞击试验来发展装备在新坦克上的类似装甲。

　　1981年，基本型M1坦克的第一批生产型号进入了美国陆军序列，在装弹情况下，重约60吨，使用了普通钢装甲，附加新的由钢铁和其他物质组成的复合装甲，能够防御除动能穿甲弹外的大部分破甲弹的打击。

　　尽管M1坦克的标准生产型号被设计为需要的时候可以配备德国莱茵金属公司的120毫米主炮，但是实际装备的还是在M60主战坦克上使用的线膛炮。

　　这种炮为105毫米口径，可以发射美军的M833贫铀穿甲弹，能够在2000米的距离上以小于60度倾角击穿420毫米厚度的轧制均制装甲，正因为如此，对主炮的升级一直延伸到1985年才进行。

　　M1坦克比其前辈M60系列速度更快，操作性能也更好，而与此同时拥有更小更低矮的侧面轮廓。除了在性能上获得的大幅度提升，达信-莱卡明公司的AGT-1500燃气轮机也比美国陆军装备的其他柴油坦克引擎更加可靠。

　　这还带来了另一个好处，由于引擎工作的时候非常安静，一开始接触到的士兵称呼它为"耳语般的死亡"。

由于这些优点，加上新的使用了几乎所有最新技术的火力控制系统，包括激光测距仪、弹道计算机、炮长热成像系统、横风传感器和炮口校正传感器，M1实现了性能的巨大飞跃。

M1"阿布拉姆斯"坦克为了赶上苏联新式坦克的设计，还对基础型号进行了改进。他们一共生产了5种型号。当然这5种型号都是围绕M1、M1A1、M1A2这三种主要的服役型号而划分的。

第一种原始型号是最基础的M1，从1984年生产到1985年1月，一共生产了2374辆。但当时该车的各种性能都不佳，尤其是105毫米线膛炮的效果远比想象的差。

第二种型号是从1984年生产到1986年的IPM1，IPM1是在M1A1计划整体完成前利用M1A1研究计划的成果提升M1坦克的一个过渡型号。这些改进包括增强的悬挂系统、防护系统和重新设计的M1A1炮塔和炮架，当然，这些改进由于增加了大约一吨的总重，使得机动性能有少许下降。

第三种型号是M1A1，生产计划始于1985年8月。这是M1改进史上最大的改进，除了包括在IPM1型号中的改进外，M1A1最重要的改进是使用了德国莱茵金属公司的120毫米滑膛炮。

美国在研究了该炮后认为以美国的工程标准，显得过于复杂和昂贵，所以他们设计了一个由更少部件构成的版本，编号为M256主炮。由于更换了主炮，M1A1的火力控制系统也进行了相应修改。

从朝鲜战争开始，美国陆军发现在坦克战斗中，决定胜负的最主要因素是是否具有先发现敌人和先交战的能力，因此，美军在目标获得技术上花了大量的精力，大量的新技术被应用在这个领域，从20世纪60年代得到第一幅高对比度的夜视图像，70年代的热成像夜视系统，一直到90年代毫米波多功能传感器。

在第一次海湾战争中，热成像夜视仪取得了不错的效果，因为它不但让美军坦克能够在夜间看到目标，还能在战场硝烟弥漫的情况下和糟糕的天气情况下看到目标，比如海湾地区多发的沙暴天气。

M1"艾布拉姆斯"现在装备的120毫米主炮能够发射多种弹药，其中最著名的是M829A1式尾翼稳定贫铀合金弹芯脱壳穿甲弹，在沙漠风暴行动中有人甚至称呼它为"银弹"，意为能解决一切问题。M829A1弹药从1991年开始进入现役。

贫铀穿甲弹的密度大约是一般钢的2.5倍，能够提供更高的穿甲性能，当贫铀穿甲弹击中坦克装甲时，弹体本身和弹着点附近的部分装甲都会在高压下融解成为高温射流。

当装甲被击穿后，没有融化的弹体和装甲射流及碎片会在战车内部飞溅，这往往导致战车内部发生火灾，如果影响到坦克内部的弹药，就会导致灾难性的爆炸。

沙漠风暴行动中，经过战后统计，由M1A1坦克新的120毫米M256主炮发射的M829A1尾翼稳定贫铀合金弹芯脱壳穿甲弹在对付苏联制造的旧式坦克时很成功。M256能够使用的弹药还包括其他的一些，比如M829、M830破甲弹。

　　120毫米的M829A2尾翼稳定脱壳穿甲弹1994年开始服役，这是通用动力公司武器与战术系统部为M1A1和M1A2坦克的M256主炮生产的弹药，也是目前正在使用的穿甲弹型号，这是M829A1的一个技术改进版本。

　　经过很多方面的重大改进，新的弹药在性能上获得了极大提升，包括使用了新的特殊制造工艺来提高贫铀穿甲弹的结构质量，使用新的复合材料制成的弹托，还有新的发射药，这些使得弹药的穿甲性能进一步提高。

　　M829A2由于使用了这些技术，炮口初速比高了大约每秒100米，也就是说接近了每秒1800米的炮口初速，与此同时，膛压却有所降低。M829A2的穿甲能力在1000米距离上大约为780毫米，3000米距离大约为750毫米。

除了M829系列弹头，同时还由通用动力武器与战术系统分部在生产钨合金动能穿甲弹。一共有两种钨弹头，一种是M829A1"银弹"的变形，即"终结者"尾翼稳定脱壳脱壳穿甲弹。"终结者"是为了在沙漠中取得良好表现的高端特殊配置，并且可以兼容所有北约标准的120毫米滑膛炮。

第二种是DM43A1钨弹，是通用动力武器于战术系统分部和德国莱茵金属公司合作的产物，也同样兼容所有符合北约标准的120毫米滑膛炮。

M1A1系列最有趣的改进应该算是新的复合装甲，包括其贫铀装甲板。这种装甲大大提升了战车在动能弹头打击下的存活能力。在第一次海湾战争中，M1A1坦克能够在敌方目视范围内与敌人坦克交火，但被敌方报复火力打击造成的损失风险却非常小。

这意味着，M1A1能够击中并摧毁它的目标，但是伊拉克的坦克却不能击中它，或者即使击中了M1A1，也不能摧毁它。而且，因为使用了贫铀装甲，甚至没有一辆美军坦克被敌军火力正面击穿。

美军坦克虽然遭到了不少伊拉克苏制T-62和T-72坦克的直接打击，但是敌军的弹头根本不能穿透M1A1的坦克装甲。拥有这种装甲的型号叫做M1A1HA，在面对尾翼稳定脱壳穿甲弹时相当于600毫米装甲的防护能力，遇到化学能弹头时相当于1300毫米装甲。

在第一次海湾战争期间，只有18辆"阿布拉姆斯"因为战损退出序列，其中9辆为不可修复的损坏，另外9辆只是遭到了可被修复的损坏，而且大部分损伤是由地雷造成。

在战斗中，也没有一个"阿布拉姆斯"坦克乘员在敌军火力下阵亡。在所有已知的案例中，往往因为美军自己的炮火而导致伤亡。同时，也很少有报道M1A1发生了机械方面的故障。美国装甲部队指挥官说，他们的M1A1"阿布拉姆斯"主战坦克甚至达到了空前高的妥善率，或者说90%的安全率。

M1A1"阿布拉姆斯"火力增强项目计划，是由海军陆战队提出的，要求在M1A1坦克的基础上提高M1A1的昼夜作战能力，尤其是在目标捕获能力、交战范围以及在更远的距离上进行目标定位的能力。

M1A1D是M1A1的数字化版本，提供了增强的战场形势感知能力和对远方目标的侦测能力。在M1A1战车上安装数字指挥和控制系统使得M1A1获得了更佳的性能。

另一个计划中的方案是用新的数字化组件取代原有的炮塔模拟电路网络数据箱和车体模拟电路网络数据箱，目的是解决连接性能退化问题并同时导入自检功能。数字化也为未来可能的添加的电子设备提供了总线接口卡的插槽。

美国陆军正在开发和应用一种新式的外挂装甲，在更加轻薄的同时仍然能够提供强大的防护。新的装甲既能装在"阿布拉姆斯"坦克的侧面，也可以在前部，以满足战斗需要的更高的防护要求。美国陆军还寻求将M1A1的火控系统升级到装有第二代前视红外仪的M1A2的水平。

美国陆军生产的第四种型号是M1A2，这一型的坦克最主要火控的改进是在敌我识别和热像仪的清晰程度方面。当然它也

进一步增加了打击敌人的距离，可以更好地发挥滑膛炮射程远的优势。同时，该车型开始使用贫铀装甲，使防护方面得到较大的提升，但相对重量和造价也随之提高。

M1A2"阿布拉姆斯"坦克的任务是通过火力，机动能力等来摧毁敌人的军队。M1A2坦克一般部署到重装部队的装甲营或者骑兵中队。

1999年，陆军开始进行M1系列坦克升级到M1A2SEP的计划。M1A2SEP是计划中美国陆军数字战场的核心。它将是带领美军装甲力量走进新世纪完成并将改变未来战场近距作战模式的重型战车。

M1A2SEP是M1A2的改进版本，在指令和控制系统，毁伤性

能和可靠性上有了很大的改进。M1A2SEP升级了M1A2坦克的计算机。

　　整个计划升级包含了处理器的升级，真彩平面显示仪，增大的存储能力，士兵-机器界面系统，以及为未来需要提供扩充空间的操作系统。主要的升级更包括车长和炮长两个瞄准镜中的第二代前视红外仪，有装甲防护的辅助动力单元，以及热控制系统。

　　车长炮长第二代前视红外系统将替换现有的热成像系统和车长独立热观察仪。在M1A2上安装第二代设备并不是直接替换第一代设备，而是连位置都需要更改。从作战者的观点来说，这是最主要的升级措施了。

第二代是一个完全整体化的目标猎-歼系统，他的设计为车长和炮长带来了全天候目标获得和交战能力的重大提高。这个系统在目标捕获能力上提高了70%，缩短了开火时间，并且提高了精确度。

另外，对目标的探测和鉴别距离也增加了30%，能够提供更好的毁伤性能并且降低误击可能性。车长独立热成像仪提供了更好的猎杀目标的能力。

对M1A2进行的系统增强方案以及M1A2的方案旨在增强火力性能、生存性能、机动性能、无故障间隔时间，增强战场情报告知、指挥和控制能力以及为优势作战部队提供情报的能力。

系统增强计划能够支持在执行的多维度作战条件下以最优化的方式将战场相关图像和其他一些信息在作战网络中进行分发。还增强了在更加强大火力性能和生存性能的条件下控制战场节奏的能力。最终，还需要通过在每支装甲部队配备的能提供仿真战场图像的先进炮长模拟器来提高坦克乘员的操作熟练程度。

M1A2SEP系统增强方案的目标是通过第二代前视红外系统提高目标发现、截获和分辨能力；通过内置装甲防护的动力单元提供战车和其他传感器动力；通过热控制系统来提供乘员和电子设备的冷却能力。

增加了内存，提高处理器速度，并且提供了真彩地图显示能力；在陆军指挥和控制体系中提供在相联系的作战单位之间共享指挥控制信息和战场态势信息的能力。

对M1A2战车的减轻重量，内建战场指令系统，增强生存性能，增强安全性能和生产流程的更改等升级都包含在M1A2坦克2000财政年度计划中。

第一批服役于驻地在德克萨斯州的美国陆军第一装甲骑兵师的M1A2已于1998年8月完成。而M1A2SEP坦克的部署始于1999年8月，并于2000财政年度第三季度开始进入战备值班状态。

M1坦克的第五种型号是M1TUSK，美军致力于让M1系列坦克可以应付更多的状况，而且M1"艾布拉姆"本身是一种为冷战而研发的坦克，无法适应美军现在战争的需要，尤其是面对敌人机动的步兵和反坦克火箭的时候。

这也是素来不重视反应装甲美军，首次使用反应装甲安装在他们的坦克上。而顶部机枪的改进也很大，这使得M1TUSK成为搭载最多单车观瞄系统的坦克，同时也是对步兵袭击的射击死角最小的。但以上的改进也是以大大增加造价和重量以及牺牲战车的隐蔽性为代价的。

该坦克在防护上的改进是这样：首先它为副顶部机枪增加外圈护板，然后首次为坦克两侧的裙带增加反应装甲以保护履带。再在炮塔的后部以及侧面还有发动机都增加了防护栅栏，当然也是为了防火箭弹。

而该坦克最大的变化是在可以遥控的主顶部机枪上，该坦克自美军的装甲车上移植了新型的机枪系统，该顶部机枪系统布局高所以死角少，而且采用独立的全天候观瞄境，该坦克的顶部机枪也把准具升级成了可以夜视的型号。

同时改型坦克大量增加了投弹筒的数量，使该车有更多

的烟幕弹可用。经过上述改进后的M1TUSK，射击死角大大缩小，所以极大地避免了遭到敌步兵接近进行顶部攻击的成功率。

将各项改进综合起来看，这些改进也间接提高了坦克的巷战能力，让坦克在巷战中发挥更大的作用显然是美军改进的主要目的。

值得注意的是M1TUSK配备了钢珠扩散弹，该弹同样由120毫米滑膛炮发射，可以在爆炸处扩散大约1150枚小型弹珠，有效杀伤范围可以达到200米左右。

尽管M1坦克已经提供了作战性能上的优势，但是美国陆军还在致力于提高其可靠性，减少后勤保障工序和实现低运行支持费用，提高妥善率，以及保持作战性能的优势。这些举措包括下一代"阿布拉姆斯"的引擎和"阿布拉姆斯"综合管理计划。

"阿布拉姆斯"的引擎工作得非常好。由于它的低重量，强大动力和安静的工作状态，带来新的装甲作战方式。

1999年，美国陆军正式启动了对M1A1坦克的创造性升级计划，即"阿布拉姆斯"综合管理计划。

"阿布拉姆斯"综合管理计划是美国陆军仓库和主要承包商通用动力陆地系统公司的一个创新性计划，是将老旧的M1A1坦克进行翻新的计划。AIM计划是美国陆军资助的对现有坦克结构进行调整的计划中用来维持近7000辆"阿布拉姆斯"坦克的计划。

AIM计划每年投资对进入12年翻新周期的135辆坦克进行翻

新工作，当M1A2战斗群开始老旧以后，还需要从2012年开始每年对90辆M1A2SEP坦克进行翻新。从2006年开始，为了保证20年翻修周期的储备量，美国陆军必须每年翻新90辆坦克。

在生产厂商和储备仓库的双重努力下，很多坦克几乎被翻新到接近全新的状态。AIM计划提高了坦克的妥善率，降低了操作和维护成本，使配置更加标准化，并且只维持"阿布拉姆斯"最小限度的工业生产。

第一辆M1A1坦克到现在也有几十年之久了，并且到陆军决定最终退役他们的时候它们将会是50岁高龄。如果继续使用老旧的设备，维护它们仅仅是众多挑战中的一个，更重要的是陆军需要继续保持装甲力量的优势。

"阿布拉姆斯"一共有4个乘员：车长、炮长、驾驶员和装填手。车长和炮长的座位在车体右侧，装填手在左侧而驾驶员的座位在车体前部中间。主要的武器系统是一门120毫米滑膛炮，它的贫铀穿甲弹的密度是普通钢的2.5倍，能够提供很好的穿甲性能。

在主炮右侧安装有1挺M240式7.62毫米并列机枪，在炮塔顶装填手舱口处安装1挺M240式7.62毫米枪枪。在炮塔的两侧，"阿布拉姆斯"坦克装备了八联装的L8A1烟幕榴弹发射器，标准型号M250。通过引擎也同样能够造出烟幕伪装。

M1的车体和炮塔使用类似于英国国防部发展的先进装甲进行防护。M1/M1A1主战坦克的生存性能已经经过了实战的考验。他们在T-72坦克的弹头直接命中的情况下毫无损坏。

在1955辆投入战斗的M1A1"阿布拉姆斯"坦克中，没有出现因为敌人火力打击而造成乘员死亡的情况，只有4辆坦克被击毁，还有4辆仅仅受到可以修复的打击。

M1A1坦克使用钢装甲包裹贫铀装甲的复合装甲进行防护。对于反坦克武器，贫铀装甲有着很好的防护作用。坦克里面还装备了自动灭火系统，可以在火灾发生两毫秒内作出反应，并且在250毫秒内扑灭火苗。

坦克的泄压板被设计成在遭到破甲弹攻击的时候向外迸出，并且隔舱门也会保持在关闭状态来保护乘员。装填手必须按下并且保持开关的状态才能打开这个隔舱门。在开关没有被按下的情况下，它是自动关闭的。

通过装备SCFM系统，空气清洁系统，辐射警报器和化学武器探测器等设备，坦克中还具备"核生化"三防能力。另外，坦克乘员都配备有防护服和面罩进行双层保险。

拓 展 阅 读

M1A2SEP是M1A2的改进版本，在控制系统，毁伤性能和可靠性上有了很大的改进。而包括了车际信息系统和21世纪旅及旅以下部队战斗指挥系统的数字化指挥系统是其灵魂所在。更高一级战斗情报的获取则得力于21世纪旅及旅以下部队战斗指挥系统。

苏联T-72主战坦克

　　T-72主战坦克是苏联设计生产的一款坦克，是冷战时期苏联主要用于出口的战车。该坦克曾外销和授权华沙条约盟国波兰、捷克斯洛伐克和南斯拉夫生产。

　　苏联在1961年开始生产T-62主战坦克，随后研制了T-64主战坦克，由于T-64包含了苏联太多的先进坦克技术，制造的单价在70年代就达到了300万美元一辆，再加上T-64坦克在

很长时间内扮演的是一个技术验证的角色，决定了这个坦克只能在苏联使用。

由于不能出口来创汇和降低单车成本，苏联只好利用T-64坦克的某些技术，经T-70试验车，发展成T-72主战坦克。

该坦克1971年投产，1973年大量装备部队，1978年将T-72G的全套生产许可转让南斯拉夫，从1979年起，还装备波兰、捷克斯洛伐克及罗马尼亚等华约国部队，同时向叙利亚、利比亚、伊拉克、阿尔及利亚和印度等国出口。

1977年10月，T-72主战坦克第一次向法国国防部长率领的代表团公开展出，接着又在同年11月的莫斯科红场检阅中公之于众。该坦克的车体用钢板焊接制成，车内分为前驾驶舱、中部战斗舱、后部动力舱3部分。驾驶椅在车体前部中央位置，驾驶员有1个位于车体顶装甲板上的舱口盖，可从车内开关舱盖。驾驶员开窗驾驶时，首先必须将火炮向一侧转动一定角度并加以固定，关窗驾驶时，昼间借助潜望镜、夜间借助红外或微光潜望镜观察。

车体前上装甲板上有1个"V"型防浪板，并装有前灯，驾驶员两侧的车首空间存放可防弹的燃油箱。车体前下甲板上装有推土铲，平时有防护作用。车体两侧翼子板上有燃油箱和工具箱，车体后部还安装两个各200升柴油的附加油桶。

炮塔系铸造结构，呈半球形，位于车体中部上方，炮塔内有车长和炮长2名乘员。车长在炮塔内右侧，炮长在左侧，他们各有1个炮塔舱口盖。车长指挥塔采取双层活动座圈结构，可相对炮塔作同步/反向旋转。

战斗舱中装有转盘式自动装弹机，取消了装填手，战斗舱的布置围绕自动装弹机安排。火炮转向后方时俯角自动抬高，避免与后部突起部相碰。

该坦克的主要武器是1门2A46式短后坐距离的125毫米滑膛坦克炮，身管长是口径的48倍，由身管、炮尾、摇架、驻退机、复进机、热护套和抽烟装置等部件组成。热护套用轻合金薄板制成，抽气装置在炮管中段偏向炮口位置。

125毫米滑膛炮可以发射尾翼稳定脱壳穿甲弹、尾翼稳定破甲弹和尾翼稳定榴弹。穿甲弹最大有效射程为2120米，初速每秒1800米，两种穿甲弹的穿甲厚度在1000米的距离，分别为300毫米和400毫米。

破甲弹初速为每秒900米，最大直射距离为4000米，破甲厚度在1000米可穿透475毫米的铁甲；榴弹初速为每秒850米，最大有效射程9400米。该坦克携有39发炮弹，其配比一般为尾翼稳定脱壳穿甲弹12发、尾翼稳定榴弹21发和尾翼稳定破甲弹6发。

T-72主战坦克的装弹机由旋转式输弹机、链式提升机、链式推弹机、火炮闭锁器、自动抛壳机、控制盒和操纵台等部件组成。

旋转式输弹机中的炮弹按弹丸和装药分别存放在输弹机的下层和上层，呈圆形辐射状，由驱动电机将所需弹种转至提升机提升位置，提升机提升弹匣内的弹丸和装药至火炮正后方位置，推弹机分别将弹丸和装药推入膛内，记忆盒记忆所储放弹种。

自动装弹机出现故障时，可采取半自动方式装填，其过程包括人工选弹、人工提升和人工推弹入膛。

车长指挥塔前面有1具TKH-3双目昼夜合一瞄准镜，它的红外探照灯装在指挥塔上。车长瞄准镜两旁各有1具潜望镜，指挥塔舱盖上有2个朝向左后和右后方向的观察镜。

炮长舱盖上有1个潜渡时装潜渡筒的通气孔和2个观察潜望镜，舱盖左前位置有1具昼夜合一的周视瞄准镜，红外探照灯在瞄准镜左前方。

炮长瞄准镜通过四连杆与火炮同步动作，左侧是夜间使用的1-49-23红外瞄准镜，其目镜高度与火炮齐平。

早期的T-72坦克装有合像式光学测距仪，基线长为1.5米，放大倍率为8，测距范围为1000~4000米。

瞄准镜右目镜系光学测距仪的目镜，测距时用炮长主瞄准镜粗瞄目标，使目标置于视场中心区，目标图像位于分像线上下，距离不符时目标垂直轮廓线在左右错位，转动操纵台使垂直线在分像线上对齐，此时距离指示线对着的数字即表示目标的实际距离。

改进型T-72坦克在炮长舱盖前下方装有激光测距仪。125毫米火炮配有双向稳定器。

T-72坦克的辅助武器在主要武器的右侧，并列安装1挺7.62毫米机枪，配有250发待发射弹。车长指挥塔上装有1挺新设计的HCBT式12.7毫米机枪，它只能由车长将上身露出炮塔进行操作，对地面目标射击的最大瞄准距离为2000米，对空射击时的最大瞄准距离为1500米。

该坦克装有1台B-46型4冲程12V60度水冷多种燃料机械

增压发动机，结构与B-54发动机基本相同，外形尺寸变化不大。由于该发动机采用机械增压，标定功率比B-54发动机提高50%，达到574千瓦。

为了安装增压器，取消了原发动机曲轴的第八主轴承，使发动机长度与B-54发动机基本相同。

该发动机在车内横向布置，可以燃用柴油、煤油和辛烷值为68—78号的汽油以及上述燃油的混合物。燃油供给量因燃料品种不同有差异，通过转动转轮、调节供油杆进行控制。

该坦克采用行星式机械传动装置，由传动箱、双侧变速箱和侧传动装置及手动液压操纵装置组成。传动箱连接发动机、变速箱以及风扇、启动电机和压气机等装置。

在车体两侧各有1个结构相同、用手动液压操纵的机械变速箱，除变速作用外，还具有转向、制动和切断动力等功能。直线行驶时，两侧变速箱同时换入相同排挡，通过刚性联动轴

的左右两个操纵阀阀芯保证两侧变速箱同步操作。

一挡或倒挡转向时，转向侧的变速箱制动，高速侧挂一或倒挡；二至七挡转向时，转向侧的变速箱挡位比高速侧的变速箱低一挡，外侧履带保持原速。

传动装置中无主离合器，但具有主离合器功能，需要切断动力时，只要操纵油路使换挡制动器和离合器油缸与回油道相连通即可。侧传动装置是单级同轴式行星减速器，太阳齿轮为输入件，齿圈固定、框架输出。

冷却系统由离心式冷却风扇、油散热器和水散热器等部件组成，采用了高温冷却技术。为消除水蒸气对散热效果的不良影响，系统中增加了1个膨胀水箱，收集气缸排和水散热器中的水蒸气，进行冷凝，返回水泵，部分水蒸气经调压活门排出水箱。

该坦克采用高强度扭杆悬挂装置，车体每侧有6个双轮缘挂胶负重轮、3个托带轮、1个前置诱导轮、1个后置主动轮，在第一、二和六负重轮位置处装有液压减振器。

履带为单销式，销耳挂胶，宽580毫米，节距为137毫米。由于使用了难溶于水的润滑脂，行动装置的使用寿命得到了提高。

潜渡设备由进气管、密封盖、排气阀、导航仪、排水泵等件组成。进气管分3节，按直径大小依次套装在一起，平时装在炮塔后部或右后部位，使用时可防止水大量进入车内；排气阀可将发动机废气顺利排出车外；排水泵可排出进入车体内的积水；导航仪确保潜渡时不迷失航向。

该坦克车体除在非重点部位采用均质装甲外，在车体前上部分采用了复合装甲。前上装甲厚200毫米，由3层组成，外层和内层分别为80毫米和20毫米的均质钢板，中间层是100毫米厚的非金属材料，与水平面的夹角为22度。炮塔为铸钢件，各部位厚度不等，炮塔正面位置最厚。

早期T-72坦克车体前侧部翼子板外缘各装有4块张开式屏蔽板，第一块较小，其余3块稍大，由较厚的金属板和橡胶板组成，以铰链方式装在翼子板上。铰链上有弹簧，可将屏蔽板向外张开，与车体纵轴线成70~80度夹角。

坦克通过时，车旁障碍可以将屏蔽板压至与车体平行，不影响坦克通过；平时，屏蔽板用带钩的链条固定在与车体平行的状态。后期的T-72坦克装有整体式侧裙板。张开式屏蔽板和整体式侧裙板都具有防破甲弹的屏蔽作用。

该坦克的驾驶舱和战斗舱四壁装有含铅有机材料制成的衬层，厚度为20~30毫米，具有防辐射和防快中子流的能力，同时还能减弱内层装甲破片飞溅造成的二次杀伤效应。

三防装置为集体防护式，由探测装置、控制装置、增压风扇、滤毒罐、关闭机构等部件组成，可对进入车体的空气进行过滤，车上滤毒器可对车内的放射性尘埃及化学毒剂进行消毒。

车体前下甲板为均质装甲，与水平面夹角为30度，其上装有推土铲，驾驶员可以从车内操纵推土铲进行构筑工事作业。不使用时，将推土铲收起，置于前下甲板外侧，可增加前下甲板的防护力。

在车体前下甲板上还备有安装KMT-4G型扫雷器用的螺栓孔，安装前需要收起推土铲。苏军为每个坦克连配备了3具

KMT-4型扫雷器。该坦克能安装类似于T-80和T-64坦克一样的反应式爆炸装甲。

早期T-72坦克装有与T-62坦克相同的热烟幕施放装置。施放时，驾驶员打开仪表开关接通油路，柴油经喷油雾化器喷入发动机排气管的废气流中，柴油受热蒸发生成的蒸汽与废气混合后排出车外，过饱和状态柴油蒸汽受冷迅速凝结形成微粒白色烟雾。

后期生产的T-72坦克除装有热烟幕施放装置外，还装有烟幕弹发射器，发射器数量随车型不同而变化，例如T-72M1型制式坦克装有12具烟幕弹发射器，炮塔右边5具，左边7具；1986年型T-72M1坦克装有8具烟幕弹发射器。

该坦克上装有自动灭火装置，当探测器感受到存在火灾信号时该装置能自动控制灭火瓶喷出灭火剂进行灭火。

拓 展 阅 读

1982年黎巴嫩战争期间，参加战斗的T-72坦克曾被以色列的制式105毫米坦克炮发射的尾翼稳定脱壳穿甲弹、直升机发射的陶式反坦克导弹、155和203毫米火炮发射的改进型常规炮弹以及美制集束炸弹的反坦克子弹击毁了多辆。

苏联T-80主战坦克

　　苏联T-80主战坦克是以T-64主战坦克为基础发展而来的，从20世纪80年代初期开始生产到1987年中期为止约有2200辆装备部队。早在20世纪60年代末，苏联人就在T-64的基础上开始了T-80主战坦克的的研制。1968年立项，于1976年定型并且装备部队。

T-80坦克的总体布置与T-64主战坦克相似，驾驶员位于车体前部中央，车体中部是战斗舱，动力舱位于车体后部。为了提高对付动能穿甲弹和破甲弹的防护能力，车体前上装甲比T-64坦克有进一步改进，前下装甲板外面装有推土铲，还可以安装KM-4扫雷犁。

炮塔为钢质复合结构，带有间隙内层，位于车体中部上方，内有2名乘员，炮长在左边，车长在右边，车长和炮长各有1个炮塔舱口。

该坦克的主要武器仍是1门与T-72坦克相同的2A46式125毫米滑膛坦克炮，既可以发射普通炮弹，也可以发射反坦克导弹，炮管上装有与T-72坦克2A46火炮相同的热护套和抽气装置。

125毫米坦克炮可以发射尾翼稳定脱壳穿甲弹、尾翼稳定破甲弹和榴弹3种炮弹，它们均为分装式弹药，用自动装弹机装弹。部分T-80坦克装备有用125毫米火炮发射的AT-8"鸣禽"反坦克导弹。导弹制导控制器钢箱装在炮塔顶部右侧的车长指挥塔正前方，不使用导弹时可以收藏在炮塔里。

"鸣禽"反坦克导弹弹径120毫米，射程4000米，无线电指令制导，弹长1200毫米，导弹初速每秒150米，助推发动机可将导弹飞行速度增大到每秒500米，飞行3000米距离只需7秒，飞行4000米需要9秒。

战斗部有破甲和杀伤两种作用，用于反坦克，破甲厚度为600~650毫米。每辆坦克携带2~4枚导弹。该导弹用炮长瞄准镜跟踪目标，由火控计算机解算导弹位置及相对于瞄准线的偏差，将其转换成指令信号并修正弹道。

2A46式125毫米火炮用自动装弹机装填炮弹，装弹机的结构与T-72坦克的相同。弹药分成弹丸和装药两部分，分别储藏在战斗舱底部的旋转输弹机的下层和上层，其余弹药分别存放在驾驶员旁的车前空间和战斗舱中，作为备用弹。

该坦克的火控系统比T-64坦克有所改进，主要是装有激光测距仪和弹道计算机等先进的火控部件，但仍采用主动红外型夜视设备。

在主要武器的右边并列安装1挺7.62毫米并列机枪，在车长指挥塔上装有1挺HCBT式12.7毫米高射机枪。

发动机与T-64坦克不同，T-80坦克装有1台新型燃气轮机，是苏联采用燃气轮机的第一种主战坦克，标定功率约为985马力。发动机的排气口开在车体尾部装甲板上。

与燃气气轮发动机相匹配的是一组有5个前进挡和1个倒挡的手操纵传动装置，也可以采用一种带有预选器的、带负荷自动换挡的变速箱。

该坦克的车体每侧有6个双轮缘挂胶负重轮、3个托带轮、1个前置诱导轮和1个有12个齿的后置主动轮。负重轮之间的距离不等，第二和第三、第四和第五对、第五和第六对负重轮之间的距离明显偏大。侧裙板完全遮住了托带轮。

履带为双销结构，履带板之间用端部连接器连接，其上有橡胶衬垫。T-80坦克的履带比T-64坦克约宽50毫米，履带着地长也比T-64坦克增长250毫米，因此单位压力比T-64坦克小。

　　T-80坦克的防护系统也比T-64坦克强。车体正面采用复合装甲，前上装甲板由多层组成。其中外层为钢板、中间层为玻璃纤维和钢板、内衬层为非金属材料。不计内衬层的总厚度为200毫米，与水平面成22度夹角。

　　车体前下装甲分3层，总厚度为80毫米的两层钢板和一层内衬层。除此之外，在前下装甲板外面还装有20毫米厚的推土铲。前下装甲板与水平面的夹角为30度，包括推土铲在内的钢装甲厚度达到100毫米。

　　T-80坦克的炮塔前半圈和车体的前上装甲部位装有附加反应式装甲。炮塔部位的反应式装甲安装结构形式与T-64 Б 坦克不同，T-80为上下两排，两排呈朝前的尖角形布置，T-64为双排下倾式布置，其中上排有两层，下排为一层。

　　炮塔前部顶上也布置有反应式装甲，可对付顶部攻击武器。车体和炮塔上的反应式装甲的爆炸块总数量在185~221块之间，其中炮塔上有95块。侧裙板上没有像T-64那样的反应式装甲。超压式集体防护装置是T-80坦克的制式装备。T-80坦克的烟幕弹发射装置安装在125毫米火炮两侧的炮塔反应式装甲之后的位置。

　　T-80坦克的激光报警装置可能对敌激光测距仪、激光指示器或激光精确制导装置发出的激光作出反应，发出报警信号。在指挥型T-80坦克的车长指挥塔前的炮塔顶上还装有能发出调制波束的激光指示器，它由矩形装甲箱体保护着。

　　该坦克的其他制式装备还包括平时载于炮塔后部的潜渡筒和载于车体后部的自救木。潜渡时须安装两根管，粗管用于进

气，细管用于排气。

　　T-80的最大缺陷在于其动力系统可靠度偏低，T-80B在这方面有所改善，但仍嫌不够。T-80U坦克的动力装置有了较大改进，换装一具GTD-1250燃气涡轮发动机，功率提高到1250马力，功率重量比为每吨27马力，应是现有俄制坦克中功重比最高者。

　　除新引擎外，车上已经加装辅助动力单元，用于冷车启动或引擎停机时的电力供应。坦克的最大速度仍为每小时70千米。T-80UD则采用二冲程柴油机，功率为1200马力。虽然发动机的功率较低，但可靠度和耗油率都获得了改善。

此种6TDF二冲程液冷式发动机，是由T-64的5TDF发动机改良而来，它的汽缸数由5个增加为6个。最大功率也提升到了1000马力。匹配新的传动系统，拥有4段前进挡和1段倒挡，辅助以新的液压伺服系统，整套动力系统具有排放烟幕的功能。

由于T-80坦克一直是苏联精锐装甲部队的标准配备，因此其性能事实上一直颇具争论，原因之一是苏联解体之前，没有出口过一辆T-80型坦克。当然即使是出口T-80坦克，西方从接触到的这些出口型T-80坦克上也不能捞到什么好处，因为出口型和自用型向来有着较大的不同，如装甲、火控系统、电子设备等。

另一点便是T-80没有参加过实战。苏联解体后，俄罗斯曾解密过一些军事资料，其中的一些资料披露出，在苏联入侵阿富汗的战争中，参战的T-80系列坦克表现相当出色，但因是俄罗斯自家的说法，所以西方一直是否认的。

拓 展 阅 读

由于T-80坦克的研发生产单位分布在苏联和乌克兰，因此苏联解体后，俄乌两国独立继续发展T-80系列坦克，并衍生出T-80U、T-84等新型号。除了苏联外，塞浦路斯、巴基斯坦、韩国等国也有T-80坦克及各种衍生型号服役。

俄罗斯T-90主战坦克

　　T-90主战坦克，是苏联/俄罗斯研制的第三代主战坦克。其车体以T-72主战坦克为基础改进，早期的炮塔是与T-72类似的铸造炮塔，但后期的炮塔则是重新设计的焊接炮塔，火控系统则采用T-80U坦克的火控系统。

T-90主战坦克，从1994年开始小批量生产装备俄陆军起，即在不断改进和提高，后续已有两种变型车，即T-90E和T-90C，未来几年可能还会有新的改进型出现。

冷战时期，苏联陆军曾有主战坦克达5万辆之多，其中T-90是在役的最新型主战坦克。在它之前，苏联还有几种主战坦克也相当出名，而且它们之间多多少少都有一些血缘关系，外形也基本差不多。

苏联的第一种第三代主战坦克是T-64。这是一种较为先进的坦克，是世界上第一款装备自动装弹机的坦克，也是世界上第一款仅需3人操作的主战坦克。

最明显的标志是右侧硕大的红外探照灯，之后的所有苏式坦克全部继承了这一结构。它主要为对付当时北约的威胁而研制，几乎全部都部署在与北约靠近的战区，一直作为苏联本土的防御性武器使用，近几年才出口到印度。

由于T-64的价格昂贵、结构复杂、保密程度又高，不可能大量生产装备，也不能提供给盟国，所以20世纪70年代初，苏联在它的基础上研制了一种比较简单廉价的主战坦克，这就是大名鼎鼎的T-72。

T-72主要部署在远东地区，不但大量出口，而且还有许多国家进行了仿制，其产量相当大，改进型号也非常多。直到现在，俄罗斯和不少国家还在不断推出新改进的T-72主战坦克，当然，其性能与早期的型号已不可同日而语。

不过，在中东战争和海湾战争中，T-72的几种出口型号表现不佳，败在了以色列的梅卡瓦和美国的M1A1手下。

　　所以，20世纪70年代末至80年代初，苏联为对付西方新型坦克和反坦克武器的威胁，以T-64以基础，研制出了一种比较先进的T-80主战坦克。

　　T-80是苏联第一种，也是世界上第一种采用燃气轮机为动力的坦克，除它之外世界上只有M1系列使用同类发动机。苏联解体之后，俄罗斯又以T-80和T-72为基础，发展出了T-90主战坦克。

　　事实上，T-90主战坦克在研制初期也是T-72的一种改进型，但由于使用了T-80的先进技术，并且性能提高相当大，

因而重新命名为T-90。

它主要采用了T-72BM坦克的装甲防护系统和T-80坦克先进的火控系统，战斗全重50吨，乘员3人，发动机功率840千瓦，最大公路行驶速度每小时60千米，最大行程650千米。

与T-72和T-80相比，T-90的火力和防护系统都有不少改进。火力系统的改进表现在火控系统上。T-90的火控系统为1A45T型，是T-80y坦克上的1A45型的改进型，改进项目包括弹道计算机、炮长测距瞄准镜、火炮稳定器等。

　　T-90坦克的火炮和T-80y、T-72的型号相同，均为1门125毫米滑膛炮，但弹药做了改进，采用新型破甲弹和杀伤爆破弹，提高了对付反应装甲的破甲能力。

　　另外，T-90配有4枚9M119型激光制导反坦克导弹，由125毫米滑膛炮发射，可用车内的自动装填机装填，最大有效射程5000米，最大穿甲厚度约750毫米，可使该坦克在敌坦克、车载反坦克制导武器和攻击直升机攻击前将其消灭。

　　防护系统的改进主要是两个方面，一是炮塔的改进，二是加装了"施托拉-1"型光电干扰系统。T-90坦克的炮塔是T-72BM坦克炮塔的改进型，是俄罗斯坦克炮塔中防护性能最好的一种，其基体是类似于英国"乔巴姆"装甲的复合装甲，加上附加装甲而成。

　　它的装甲由一个镶有多层铝板和塑料板的主装甲壳体和一个可控制变形的部分组成。在主装甲外面，还加装了"接触-5"爆炸反应装甲。"施托拉-1"型光电干扰系统由四大部分组成，即光电致盲器、激光报警探测器、抗激光烟幕弹发射器和系统控制装置。

　　在炮管的两侧装有2个光电干扰发射器。该光电干扰系统通过产生一对酷似导弹后部的跟踪应答信标的两个假图像，使制式有线制导的反坦克导弹的跟踪器"受骗上当"。

　　激光报警探测器受到激光的照射时能向乘员发出报警，该光电干扰系统可以自动方式工作，发射烟幕弹，使激光测距仪或激光指示器失效；也可以半自动方式工作，由车长决定是否发射烟幕弹。

T-90坦克上采用的是3D17型烟幕弹，该弹形成烟幕的时间约3秒，烟幕持续时间为20秒。这套光电干扰系统能连续工作6小时，能有效地对付诸如美国"陶"式、"龙"式、"海尔法"式、"小牛"式等导弹和激光制导炮弹，使西方国家大多数反坦克导弹的命中概率降低75%~80%。

T-90坦克从1994年开始小批量生产装备俄陆军起，即在不断改进和提高。它现在至少已有两种变型车，即T-90E和T-90C，估计未来几年还会有新的改进型出现。T-90及其改进型坦克很可能成为俄陆军2000~2020年间的主要作战装备。这期间，俄陆军将是T-64、T-72、T-80和T-90坦克并存的时代，但为简化后勤保障，T-90的比重会越来越大。

拓 展 阅 读

据军事专家评估，T-90主战坦克与德国豹-2和土耳其阿尔泰坦克相比较存在优势，与美国M1A2"艾布拉姆斯"主战坦克相比，也各有千秋。

德国豹-1式主战坦克

豹-1式主战坦克，是德国著名的中型坦克。该坦克研制始于20世纪50年代晚期，第一辆豹-1坦克于1965年交付德国陆军，生产一直延续到1984年。现在，德国前线部队已不再使用豹-1主战坦克。

该坦克车体用装甲钢板焊接而成，前部是乘员舱，后部为动力舱。乘员舱右前部位是驾驶员位置，左前位置有炮弹储存架、通风装置和三防装置，加温装置在乘员舱右侧。

　　驾驶员座椅上方的车体顶装甲板上开有驾驶舱盖，舱盖前有3个潜望镜，中间1个可换成红外或微光潜望镜。

　　炮塔为铸造结构，呈半球形，防盾外形狭长，位于车体中部之上。炮塔内有3名乘员，车长在火炮右侧，炮长在车长前下方向，装填手在火炮左侧。在炮塔顶，车长和装填手各有1个舱盖。此外，在炮塔左侧还设有1个补弹窗口。

　　该坦克的主要武器是1门L7A3式105毫米线膛坦克炮，由单肉炮管、水平式棱柱形半自动炮闩和炮口抽气装置组成。身管长是口径的51倍，其上装有热护套，野战条件下更换炮管仅需20分钟。

炮弹发射后，炮闩自动打开，同时从炮膛抽出的空弹壳抛入炮闩下面的弹壳收集器。在炮弹上膛的同时，炮闩自动关闭，然后通过电击发装置发射。该火炮发射尾翼稳定脱壳穿甲弹时，初速为每秒1475米，直射距离为1600米。

L7A3式火炮可发射加拿大、法国、联邦德国、以色列、英国和美国制造的105毫米炮弹，包括尾翼稳定脱壳穿甲弹、破甲弹和碎甲弹，均为整装弹。

该坦克装有55发105毫米炮弹，其中13发炮弹布置在炮塔尾舱中，其余42发炮弹布置在车体里，左侧的炮弹储存架是主要储弹位置。

该坦克车长用的TRP-2A型变焦距潜望镜为单目式周视瞄准镜，位于车长舱盖前的炮塔顶板上，车长可以使用该镜进行观察、超越瞄准和向炮长指示目标，可采用手动方式改变该镜仰角，也可自动地伺服于火炮运动。用红外瞄准镜代替变焦距潜望镜，车长便可进行夜间观察。

炮长有1具TEM-2A型光学测距仪，测距方式既可以是合像式，也可以是体视式。该测距仪同火炮机械连接，有8倍和16倍两种放大倍率，基线长1.72米，备有计算不同弹种高角的高角凸轮。

炮长还有1具TZF-1A型望远式单目瞄准镜，放大倍率为8倍，并列安装在火炮一侧。目镜固定，物镜随火炮俯仰，备有确定不同弹种的瞄准角分划线。

火炮上方装有红外和白光探照灯，不使用时可以拆下，存放在炮塔后部。在红外状况下工作时，TRP-2A型车长瞄准镜最大瞄准距离为1200米，视距大小取决于气候条件；白光状况时视距为1500米。

该坦克的辅助武器是在火炮左侧装有1挺7.62毫米并列机枪。高射机枪安装在车长舱盖上，也可以安装在装填手舱盖上，可以360度旋转，高低射界为负15度至正75度。

该坦克位于车体后部的动力舱装有包括发动机、传动装置和辅助系统组成的动力传动组件。动力传动组件备有快速脱开联轴器，在野战条件下能使整个动力传动组件在20分钟以内完成整体更换工作。

该坦克采用一台500型4冲程12V90度夹角柴油机，外形呈矩形体，结构采用一缸一盖，并列连杆、推挺杆传动、联身箱体，因而便于拆装和系列化生产；采用机械增压和预燃室燃烧系统，总体布置紧凑。标定功率为830马力。

该坦克传动装置采用联邦德国ZF公司的4HP250型液力机械式、带有双流双半径差速转向装置的综合传动装置，有4个前进挡和2个倒挡，每挡有大小两个规定转向半径，由于规定转向半径较多，转向功率损失较少。

冷却系统主要由风扇、散热器和水泵组成。在风扇作用下，冷空气从进气百叶窗吸入车内，流经散热器，从排气窗排至车外。风扇转速调节器根据冷却水温对风扇转速进行调节，只有当水温超过规定温度时风扇才工作。需要对发动机本身加温时，短路恒温器则会切断发动机与散热器的通路。

在动力传动组件两侧各装1个排气混合罐，用以混合发动机排气和冷却空气，可使排往车外的排气温度大大降低，以减小红外特征，降低被红外探测器发现和跟踪的概率。

　　该坦克行动装置包括每侧7个负重轮和7根扭杆弹簧、5个液压减振器、4个托带轮、1个带履带调节器的前置诱导轮、1个后置主动轮和1条履带。

　　负重轮用轻金属材料制成，轮缘和轮毂用螺栓固定连接在一起，轮缘外挂有胶圈。在第一、二、三、六和七负重轮位置处装有液压减振器。

　　车体两侧装有锥形钝头限制弹簧，用以限制负重轮的最大行程。诱导轮和负重轮可以互换。托带轮交错配置，第一、三托带轮支托履带外侧，第二、四托带轮支托履带内侧。履带宽550毫米，履带板上挂有橡胶垫，履带板之间用履带销、端部

连接器和中间诱导齿连接在一起。

该坦克车体装甲板较薄，只能防爆破榴弹弹片，在近战条件下，只能防口径在20毫米以下的武器。炮塔为铸造结构，具有较好的防弹外形，但装甲较薄，防护性较弱。

为提高炮塔防护能力，从1975年开始，豹-1A1坦克炮塔增加了屏蔽装甲，屏蔽装甲分成若干块，均附有橡胶衬里，分别装在防盾、炮塔体两侧和尾部框架外面。豹-1A1坦克安装屏蔽装甲后，战斗全重增至42.4吨。

豹-1A2坦克的装甲防护力有所增强，豹-1A3和豹-1A4坦克采用新设计的焊接炮塔。非均质炮塔装甲使这些坦克的防护力有较大提高，炮塔结构也有所变化，取消了炮塔外部框篮，内部储存空间增加了1.53米，炮塔防盾为焊接件，呈楔形。

三防通风装置安装在车体前部，可在乘员舱内产生超压并为乘员提供无毒无尘的新鲜空气。

车上装有4个灭火器，其中2个布置在动力舱，配有自动灭火报警开关，当室内温度升到一定限度时，灭火器可自动打开，将灭火剂喷向着火部位；另外2个灭火器布置在乘员舱，由乘员操作灭火。

在炮塔左右两侧上部各安装一组由4具发射器组成的烟幕弹发射装置。各发射器的射向可由乘员在车内控制，成组地电控发射，并可在较短的时间内再装弹连续发射。

在1965—1971年间，联邦德国分4批共生产该坦克1845辆，这些坦克为豹-1原型坦克。

从1971年起，联邦德国将1845辆豹-1原型坦克返回制造厂进行改装，改进项目有安装火炮热护套和稳定器、换装新型履带、增装裙板等。改进后的豹-1原型坦克称为豹-1A1坦克。

尔后对该坦克又改造，例如在炮塔和火炮防盾上加装布洛姆·福斯公司研制的附加装甲、车体前上装甲板上焊有附加钢装甲、改进空气滤清器性能等。经过改进的豹-1A1坦克称为豹-1A1A1坦克。炮塔附加装甲用螺栓连接方式安装，可拆卸，正反面加有橡胶衬垫。附加装甲使坦克增重760千克。

在第五批生产的342辆坦克中，有232辆坦克是按豹-1A1坦克标准制造的，安装了较高强度的铸钢炮塔，但在炮塔和防盾上未装间隙装甲；改进了空气滤清器；加装了三防装置以及车长和驾驶员作用的微光夜视装置。这批坦克被称为豹-1A2坦克。

在第五批生产的后110辆坦克除按豹-1A2标准制造外，炮塔采用了间隙装甲焊接结构并带有楔形防盾，原炮塔后面的框篮移至炮塔塔内部，可存放从火炮上方取下来的探照灯。装填手潜望镜可以旋转和俯仰。这批坦克被称为豹-1A3坦克。

第六批生产的250辆豹-1坦克称为豹-1A4坦克，与豹-1A3坦克相似，但装有综合式火控系统和变速用的自动选速装置。该火控系统包括EPRI-R12车长用周视稳定望远镜、炮长用双目体视测距瞄准镜、火炮双向稳定器和混合式弹道计算机。

联邦德国为使豹-1坦克现代化，在1982—1983年间，在6辆豹-1坦克上分别装有通用电气-德律风根公司的拉姆斯塔ES17型火控系统、克虏伯-阿特拉斯电子公司的ES18型火控系统和蔡斯公司的ES12A4型火控系统，这些坦克都装有低能见度或夜间条件使用的热成像系统。

经过试验，联邦德国陆军最终接受克虏伯-阿特拉斯电子公司的方案。改装任务由卡赛尔集团维格曼公司执行，合同额为8.29亿马克。分合同商包括研制EME3综合火控系统的克虏伯-阿特拉斯公司和研制热成像系统的卡尔·蔡斯公司。炮塔驱动控制由机械液压式改为电液式。将经过这些改进后的坦克称为豹-1A5坦克。

该坦克现代化改造计划还包括安装附加装甲和增装乘员舱自动灭火抑爆系统以提高防护性，并准备用120毫米火炮代替105毫米火炮。

拓展阅读

加拿大军队于1978年6月装备了128辆豹-1主战坦克，但于1984年改进了坦克的液气悬挂系统。该系统是由德国激光研究公司与英国军用车辆工程研究院和利兹皇家兵工厂共同研制的，已在英国挑战者坦克上使用。

德国豹-2A6主战坦克

　　德国豹-2A6主战坦克是世界上火力最强的坦克之一，它是德国豹-2坦克的改进型，第一批于1999年定型，2006年末服役。豹-2A6使用新型火炮穿甲弹，与上一代相比，具有射程远、精度高、穿甲能力更强的特点。

　　豹-2A6装备的是最新型的55倍口径120毫米-L55滑膛炮，使用DM53尾翼稳定曳光脱壳穿甲弹，射程可达5000米，在常温状态下穿深达900毫米，而且精度相当高。为现代射程最远、穿透力最强的坦克火炮。

　　该坦克装备2挺机枪。一挺MG3A1式并列机枪，安装在120毫米火炮左侧，射速为每分钟1200发；一挺安装在装填手舱盖环形支架上的MG3A1式高射机枪，用于防空。

　　豹-2A6主战坦克的装甲防护为间隙式复合主装甲，防弹能力达到了400~420毫米均制钢板。炮塔正面安装了楔形前装甲防护组件，炮塔内表面装有防崩落衬层，履带裙板也采用改进的复合装甲，提高了对动能弹和化学能弹的防护能力。

该坦克的突出特点是对地雷的防护能力达到了世界领先水平，这些组件包括安装在坦克底板下的附加被动装甲，新型车体逃离舱口，改进的驾驶员、车长、炮手和装填手座椅等。

此外，车辆底部的弹药储存区也被腾空，使坦克乘员不再担心自己会被炸飞。它们可以在雷区灵活地穿梭行动，而不必担心地雷炸断履带或者炸毁装甲引爆弹药。

许多军事专家认为，大多数坦克进攻时，都需要工兵提前扫清前进道路上的雷区，或者有排雷车辆伴随负责清理道路上的障碍，豹−2A6的服役将有可能改变这一传统作战模式和编组，从而大大提高地面装甲力量的攻击速度。

豹−2A6主战坦克的发动机采用4冲程12缸V型90度夹角水冷预燃室式增压中冷柴油机，具有比较好的加速性能，从零加速到每小时32千米仅需6秒。发动机功率1500马力，是目前世界上最好的发动机之一，且还有相当的改进余地。

该坦克在车体后部安装有1部电视摄像机，其监视器可使驾驶员更安全地倒车，并使用了基于陀螺技术和有全球定位系统支持的混合式导航系统，使坦克在任何作战环境中都能导航。

豹−2A6主战坦克采用指挥仪式火控系统，由于是稳定质量较小的瞄准镜并设有位置和速度复合电路，因而易于稳定，而且有很高的行进间对运动目标的射击命中率。

该坦克的车长有一个向后开启的圆舱盖和可360度观察的潜望镜，舱盖前装有一个稳定的周视主瞄准镜，该镜有2倍和8倍两种放大倍率。

　　该坦克的炮长有一个双放大倍率的稳定式EMES15型潜望式瞄准镜，其中包括激光测距仪和热成像装置。车长和炮长能在全天候条件下捕捉目标，炮长和车长都可以开炮射击。

　　车长不仅能通过其目镜看到他自己昼间观察的图像，而且其监视器还可显示炮长昼夜观察的图像。用全电式炮控和炮塔控制系统代替液压式系统，既安全又减少了噪音。

　　在信息化方面，豹-2A6坦克能以数据链将各车的情报综合起来，搭配导航系统和电子地图，在彩色显示器上清楚地标示周边敌我位置、战场情报及补给地点，并进而规划行进线路、组织进攻或防守，乃至与预先制定作战计划等。

　　这个系统能让各车在第一时间内获得明确完整的战场信息，使部队易于集结部署、以最佳路线前进，并在最短时间内部署到位。

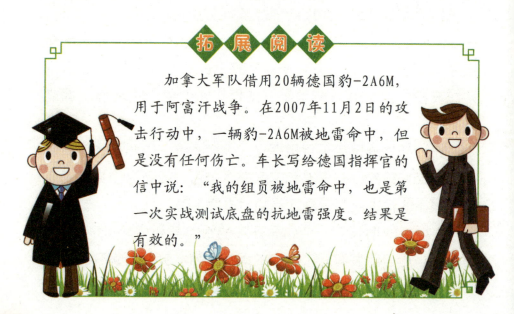

拓 展 阅 读

　　加拿大军队借用20辆德国豹-2A6M，用于阿富汗战争。在2007年11月2日的攻击行动中，一辆豹-2A6M被地雷命中，但是没有任何伤亡。车长写给德国指挥官的信中说："我的组员被地雷命中，也是第一次实战测试底盘的抗地雷强度。结果是有效的。"

英国奇伏坦主战坦克

　　奇伏坦坦克又名酋长坦克，是英国第三代主战坦克。截止20世纪70年代初，英国利兹皇家兵工厂和维克斯厂两条生产线总共为英国陆军生产了860辆奇伏坦主战坦克。

　　早在20世纪50年代初，英国陆军曾提出过多种用新型主战坦克替换逊邱伦和征服者坦克的建议，但没有一种坦克能进入设计阶段。

　　1958年英国陆军提出设计奇伏坦主战坦克的任务书。1959年初制成第一个1：1的木模型，年底制成第一辆样车，于1961年第一次公开展出。

　　1961年7月至1962年4月又制成6辆样车交部队试验。1963年5月奇伏坦坦克设计定型并投产，1965年开始装备英国陆军。1971年伊朗订购了707辆奇伏坦MK3/3P和MK5/3P主战坦克及一些装甲抢救车和架桥车，这些订货已于1978年年底前全部交货。

　　此后，伊朗又从英国购得187辆称为FV4030/1型的改进型奇伏坦坦克，这些坦克比奇伏坦MK5/3P能载更多的燃料，改进了防地雷性能，加装了减振器，采用自动变速箱有限公司的TN12

型自动传动装置。

　　该坦克车体用铸钢件和轧制钢板焊接而成，驾驶舱在前部，战斗舱在中部，动力舱在后部。

　　驾驶员有一后倾的驾驶椅和先升起再向右转动开启的单扇舱盖，舱盖后有1个36号MK1广角潜望镜，在夜间使用时可换成红外潜望镜或皮尔金顿有限公司的巴杰尔被动式夜间潜望镜。

炮塔用铸钢件和轧制钢板焊接制成，内有3名乘员，装填手在左边，车长和炮长在右边。车长有1个能手动旋转360度的指挥塔，塔上有1个向后打开的单扇舱盖，装填手有1个前后对开的双扇舱盖和1个可以旋转的折叠式30号MK1潜望镜。

炮塔左边装有1个红外/白光探照灯，由马可尼指挥与控制系统公司设计，红外光照射距离为1000米，白光照射距离为1500米。但现在的英国奇伏坦坦克已取消了这种探照灯而改装巴尔和斯特劳德公司的热成像观察与射击瞄准镜。在一部分奇伏坦坦克车体前面还装有推土铲。

该坦克的主要武器是1门L11A5式120毫米线膛坦克炮，采用垂直滑动炮闩，炮管上装有抽气装置和热护套，炮口上装有校正装置。火炮借助炮耳轴弹性地装在炮塔耳轴孔内，这种安装方式可减少由于射击撞击而使坦克损坏的可能性。该炮射速较高，第一分钟可发射8~10发弹，以后射速为每分6发。

为减轻装填手劳动强度，采用了分装式炮弹和可燃药筒，弹丸储存在驾驶员旁边、火炮下面和炮塔内，装药储存在炮塔座圈以下的密闭弹药箱内。

L11A5式火炮可以发射皇家兵工厂制造的各种120毫米线膛坦克炮弹，例如L15A4式曳光脱壳穿甲弹、L20A1式曳光脱壳教练弹、L31式碎甲弹、L32A5式碎甲/教练弹、L34式白磷发烟弹和L23A1式曳光尾翼稳定脱壳穿甲弹，后者初速大于1500米/秒，直射距离约1700米。

该坦克在火炮左边并列安装1挺7.62毫米L8A1式机枪。在车长指挥塔上装有1挺可在车内瞄准射击的7.62毫米高射机枪。在火炮上方安装1挺12.7毫米试射机枪，原试射机枪有效射击距离为1800米，改进后的试射机枪有效射击距离提高到2500米。现在英国奇伏坦坦克已取消试射机枪，改用坦克激光瞄准镜中的激光测距仪测距。

该坦克的火控系统为：在车长指挥塔四周有9个40号MK2潜望镜和1个37号MK4潜望瞄准镜。炮长有1个放大倍率为1倍至8倍的59号潜望式瞄准镜或1个巴尔和斯特劳德公司的坦克激光瞄准装置，还有1个70号望远式瞄准镜。车长和炮长的夜间瞄准镜型号分别为L1A1和L3A1，他们的昼用瞄准镜都能用1个放大倍率为3倍的红外瞄准镜代替。

该装置包括激光传输模件及光学系统、接收系统和光学瞄准系统。借助精密的平行联动装置和通过与炮塔的同心安装使瞄准装置的高低向瞄准线和水平向瞄准线与火炮轴线能同步运动，最后的炮膛轴线瞄准是用激光瞄准装置上安装的控制器完成的。

激光测距仪可以由炮长操作，也可以由车长遥控操作，测得的距离数字可以显示在炮长左目镜上，也可以显示给车长。当有烟尘时，通过选择首末脉冲距离能有效地减少目标距离的不准确性。该测距仪的测距距离范围为500~10000米，其中90%的测距精度为±10米。

除奇伏坦MK1坦克外，英国其他型号的奇伏坦坦克均装有马可尼指挥与控制系统有限公司研制的改进型火控系统，对3000米固定目标和2000米活动目标有较高的首发命中率。

改进型火控系统由4个子系统以及火炮控制设备组成。4个子系统是：数据控制子系统、瞄准子系统、传感器子系统、电子处理设备子系统。为了与该火控系统相配套，也改进了火炮控制设备。

该火控系统在伊朗试验期间，曾在53秒内对950密位弧形区域内1600~2000米距离上的3个目标发射了9发炮弹全部命中，其中，2个目标是1米×2米的炮塔，1个是1.6米×2米的炮塔，向每个目标各发射3发。

1983年，英国国防部与皮尔金顿公司签订了400万英镑合同，为奇伏坦坦克提供1000套投射器十字线图像装置，将其

组装在火控系统内，在车长瞄准镜与主要武器之间提供一光学链，车长可以用昼间或夜间瞄准镜瞄准目标，并能把从改进型火控系统得到的瞄准标记叠加到车长的观察装置中。

为奇伏坦和挑战者坦克订购的第二级热成像通用模件于1983年12月开始交货，兰克·泰勒·霍布森公司提供红外扫描模件，马可尼航空电子工程公司供应电子处理设备。这些部件都将用于奇伏坦和挑战者坦克的热成像观察与射击瞄准镜。迄今至少有324辆奇伏坦坦克装了巴尔和斯特劳德公司的热成像观察与射击瞄准镜。

该坦克的推进系统为里兰德公司的L60型2冲程直列6缸对置活塞水冷多种燃料发动机。奇伏坦MK1的发动机，功率仅为430千瓦，MK2的发动机功率为480千瓦，都比当初要求的551千瓦低。随着L60发动机的不断改进，奇伏坦MK5的发动机功率提高到529千瓦，这种坦克从1979年起在驻联邦德国部队中服役。

与L60发动机匹配使用的是TN12传动装置，该装置由离心式离合器、行星式变速机构、梅利特-威尔逊公司差速转向系统和电液式变速操纵装置组成。

变速机构有6个前进挡和2个倒挡。转向系统在每个挡位都有1个规定转向半径，挂空挡时，可得到转向半径为零的原位转向。

根据驾驶员仰卧驾驶的需要，未采用手控变速杆操纵装置，而是采用脚踏板操纵电开关、促动液压阀控制液体流向，推动行是排制动器实现换挡。所有排挡都是电液操纵。另外，前进2挡和倒1挡可在紧急情况下实现手动机械操纵。

该坦克行动装置沿用逊邱伦坦克的平衡式螺旋弹簧悬挂装置，车体每侧有6个负重轮、3个托带轮、一个前置诱导轮和一个后置主动轮。

每两个负重轮组装在一个悬挂支架上，支架上还装有平衡轴、螺旋间簧及壳体和联动曲柄等，前悬挂支架上装有液压减振器，整个支架用螺栓固定在车体侧装甲上。

该悬挂装置的特点是，当一个负重轮承受地面冲击负荷时，部分负荷能传递到同一支架上的另一个负重轮上，使两个负重轮的负荷保持平衡，达到吸收地面冲击负荷的目的。

当两个负重轮同时向上运动时，通过结合在螺旋弹簧总成中的减振弹簧限制负重轮向上的最大行程；当一个负重轮向上运动中，则由橡胶限制器防止其发生刚性撞击。该悬挂装置安装在车体外部，不占车内空间，而且易于接近维修并有助于提高车体侧面的防护性。

该坦克采用干销式锰钢铸造履带板，板上装有可更换的橡胶衬垫。每条履带有96块履带板，两条新履带共重4719千克。履带的上半部分被裙板遮盖着，维修行动部分时，可将裙板拆除。

英国比较重视坦克的装甲防护性能，所以车体和炮塔都采用较厚的装甲。奇伏坦坦克的车体装甲厚度一般为80~90毫米，装甲最厚的部位是炮塔正面，达150毫米。为了提高防脱壳穿甲弹的性能，车体和炮塔正面装甲与水平面之间的夹角较小，例如炮塔正面水平倾角约为30度。

　　另外，车体和炮塔的所有舱盖和缝隙均有密封装置，在炮塔尾舱里安装了三防进气滤清装置，可为乘员提供核生化集体防护。在炮塔顶上装有3个硅光电元件的红外探测器，可探测360度范围的任何红外光源，均可测出光源方位，并确定在62度的弧形区内。

　　该坦克内共装有5个便携带灭火瓶，防火自动探测系统能通过报警喇叭和车内闪光指示器报警，并在乘员头盔式耳机中产生报警音响，但乘员舱内须由人工操作灭火器灭火。

拓 展 阅 读

　　两伊战争中，伊朗的350辆奇伏坦坦克和伊拉克的400辆T-62坦克进行生死对决。战斗伊始，奇伏坦依靠1500米远距离上首发命中率的优势，一辆接一辆地把T-62打成冒烟的废铁。但奇伏坦55吨的战斗全重在雨季土质松软的地区机动困难，在近距离的战斗中，T-62的115毫米滑膛炮也摧毁了不少奇伏坦坦克。

英国挑战者2E主战坦克

　　英国挑战者2E主战坦克，是英国研发的一种主要用于出口的坦克，其中2E中的"E"就是英语单词"出口"（EXPORT）的第一个字母。该坦克由英国维克斯防务系统集团研发，

　　2E主战坦克采用目前最新技术，功能强大，并且还拥有很大的改进潜力，是世界各国已经装备的第三代主战坦克中最出

色的车型之一。

英国战后坦克的发展基本上是一脉相承的。从百人队长开始，到奇伏坦，再到奇伏坦-900，接下来是挑战者-1和挑战者-2。可以说，挑战者-2和奇伏坦的差别，比起豹-2A6和豹-1的差别要小得多。

从1983年3月第一辆挑战者-1主战坦克装备英国陆军以来，外界对挑战者-1的评价始终不高，主要的诟病集中在火控和机动上，由于挑战者-1的火控系统由奇伏坦主战坦克改进而来，精密程度以及综合性能均不如M1和豹-2，在历年北约坦克射击竞赛中表现都不理想，首发命中率也不算高。

在1987年举行的加拿大"陆军杯"坦克炮射击大赛上，挑战者-1和M1、豹-2同台比武。较量的结果，M1坦克炮的命中率达到94%，豹-2为92%，而挑战者-1仅为75%；每发弹的平均射击时间，M1为9.1秒，豹-2为9.6秒，而挑战者-1则长达12.61秒。

两项成绩的比较，挑战者-1坦克差距明显。这使专门训练了数月、打了6585发炮弹的英国皇家轻骑兵团的坦克兵们倍感耻辱。挑战者-1的动力系统可靠性也有问题，加上它过人的战斗全重，机动性不用说自然是比M1和豹-2低了不少。

和M1A1主战坦克一样，挑战者-1同于1991年的第一次海湾战争中首度接受战火洗礼。虽然机动表现不如M1A1，但是挑战者-1的火力、防护力可说是毫不逊于前者。

英国陆军的主要参战单位是第一装甲师的第七装甲旅和第四机械化步兵旅，共装备157辆挑战者-1主战坦克，担任联军地面攻势中最重要的左翼横越伊南沙漠，切断伊军朝巴格达撤退的路线，并捕捉伊军装甲部队，尤其是伊军最精锐的共和国卫队。

在5月25日，英军第七装甲旅接触伊军两个装甲旅，该师的挑战者-1坦克首度在实战中大显身手，痛击伊军部队。次日第七装甲旅继续朝科威特的首都科威特市快速挺进，沿路挑战者-1仍然以压倒性的姿态痛击路上的伊军装甲部队。

在这天的战斗中，一辆挑战者-1利用热成像仪，在5100米外解决一辆伊军T-55坦克，这是海湾战争地面战中联军坦克距离最远的一次成功猎杀，将线膛炮的远距离精确度优势发挥得淋漓尽致。

在整个波斯湾战争中，挑战者-1共击毁300多辆伊军各式坦克、装甲车辆，而仅有一辆挑战者-1被击毁。

在海湾战争中，英国陆军还进一步强化了挑战者-1的防护能力，包括在车头、炮塔正面加装皇家兵工厂制造的高爆反应装甲，原有的侧裙板也被维克斯公司研制的被动式装甲裙板取代；此外，参战的挑战者-1也配备了皇家兵工厂新研制的L-26型翼稳脱壳穿甲弹。

客观地说，挑战者-1在海湾战争中的表现给人们留下了深刻的印象。但是，海湾战争的地面作战结果并不足以评估某一型坦克的真实作战实力，造成伊军大溃败的因素很多，联军坦克的性能优势只是其中的一方面，甚至都不是决定性的因素。

加上被挑战者-1、M1A1坦克击毁的伊军坦克中有很大一部分是20世纪六七十年代甚至50年代的老式坦克，双方完全不在一个等级上。以这种一边倒的战场态势和性能形成的坦克间的较量显然并不足以评判挑战者-1坦克的真实性能。

海湾战争以后，各国军火商纷纷看好中东这个大市场，英国自然也不落后。不过，由于在海湾战争中M1A1的表现更为出色，再加上科威特和沙特对美国心存感激，他们先后订购了大量的M1A2主战坦克。

而此时，法国的新锐主战坦克勒克莱尔浮出水面，德国也借机推出了豹-2A5/A6主战坦克，并且都获得了订单。相比之下，英国推出的挑战者-2主战坦克就乏善可陈了，英国只获得阿曼36辆挑战者-2的订单，只相当于人家的一个零头。

尽管与挑战者-1相比，挑战者-2已经有了16项重大改进，主要包括：采用L-30型120毫米线膛炮；新型的TN-54型自动变速箱；新型的乔巴姆装甲；新型的火控系统和增强顶部防护的新炮塔等。其中以火控系统的改进最大。

这种火控系统是M1A1火控系统的改进型，包括新型火控计算机、稳像式三合一炮长瞄准镜、全电式炮控系统等。也就是说，在火控系统的技术水平上，挑战者-2已经赶上了M1A1和豹-2的水平，如果英国坦克兵拿挑战者-2坦克炮再和M1A1、豹-2比试比试，当不至于陷入窘境。

但产品营销是要用数据说话的，维克斯公司无奈之下被迫推出专用于出口的挑战者-2E型主战坦克，以期在国际市场上与美、法、德一较高下。

在进行了6年多的研制工作之后，英国维克斯防务系统集团已完成挑战者-2E主战坦克最终的生产型。批量生产型的挑战者-2E于2002年正式驶下生产线。

国外有关兵器专家研究认为，提高现代主战坦克火炮威力的一个重要举措，是安装"猎-歼"合一的数字化、网络化车载智能火控系统。

以坦克车载火控系统及各种传感器与车辆数据总线直接相联，组成一个车辆信息局域网，由多台分布式的数字化计算机控制，这种指挥仪式的火控系统能实现车长独立昼夜搜索目标，炮长可快速完成自动化全天候操炮作战。

事态紧急时，车长甚至可以越过炮长，直接操纵大口径坦克炮射击突然出现的威胁目标，这一功能被称为"猎-歼"合一火控模式。

装备了现代化火控系统的主战坦克，越野行进间射击首发命中率高达95％，可识别战场上4500米以内的敌军目标，跟踪与射击2500米以内的运动和静止目标，可以弹无虚发。

美军的M1A2式主战坦克，法国的勒克莱尔主战坦克，德军的豹-2A5/A6型主战坦克，以色列的梅卡瓦-Ⅲ/Ⅳ型主战坦克、日本的90式主战坦克等，均装备了第三代"猎-歼"式指挥仪型车载数字化光电计算机合一的火控系统。

有关专家认为，现役主战坦克车载火控系统最先进者非英军"挑战者"2E型主战坦克的指挥仪式火控装置莫属。其车长周视潜望瞄准镜及炮长瞄准镜均装有独立的热像仪和激光测距机。

车载中央数据处理计算机能同时运算车长及炮长标定的两组火控数据，当跟踪瞄准第一个目标时，搜索并锁定第二个目标。在第一个目标被消灭后只需按下按钮，炮口即可自动转向攻击第二个目标，待与火控计算机设定的方位重合时便可自动击发，"无间隙"地操纵火炮。

如此，挑战者-2E型主战坦克可节省炮长两次标定目标所需的时间，几乎可同时对付两个目标，将射击循环时间降至每2发6秒钟左右，从而达到光机电模式火控系统的极限。这对于生死存亡系于千钧一发之际的坦克大拼杀来说，是极其难能可贵的。

在信息获取能力方面，挑战者-2E采用了全综合式战场管

理系统，可从武器系统或GPS全球导航系统输入导航信息。

　　车长用稳定全景昼夜两用热像仪和掺钕钇铝石榴石激光测距仪与以前相同，但增加了热像仪通道。驾驶员观察系统保留了昼间潜望镜，增加了热像仪。

　　早在挑战者-2主战坦克上，就已经装备了一套昼/夜观察/火控系统，挑战者-2E则增强了目标捕获能力，使得对目标的反应速度更快。在挑战者-2E上，车长和炮长各自拥有一套集成化的火控系统，包括有独立的昼夜两用热成像设备和微光夜视仪、对人眼安全的激光测距仪。

唯一不同的是车长热像仪是法国生产的顶置式周视昼/夜热成像仪，炮长拥有一个萨杰姆公司的顶置式双向稳定成像系统。两套设备均可独立指挥火炮的射击。挑战者-2E在常规情况下是以"猎手-杀手"的模式进行作战。

在这种模式下，车长可以独立对目标进行选择、测距，等命令下达给炮长的时候，弹道计算已经完成，直接击发就可以了。

这样能使火炮的反应速度上一个台阶，据说在试验的时候，挑战者-2E创造了40秒摧毁8个目标的成绩。在紧急情况下，车长可超越炮长直接发射，又被叫作"杀手-杀手"模式。

英国坦克对于战术机动性向来不太重视，从百人队长开始，战后英国坦克几乎都比同时代的西方其他国家坦克大一号，但发动机性能却并不出色，其结果是英制坦克的机动性全面落后于西方同代坦克。

这个问题在挑战者-1身上体现的尤为明显，挑战者-2尽管稍有改善，但仍显落伍，这也是挑战者坦克在争夺国外客户上总是拼不过美国、德国或者法国人的产品。为了扭转出口上的颓势，维克斯公司为挑战者-2E专门从德国引进了大功率的坦克发动机，使挑战者-2E的机动性能大有改观。

挑战者-2E的动力系统采用了可靠性极高的德国MTU公司的"欧洲动力模块"，该动力模块包括最大输出功率为1.1兆瓦的缸涡轮增压柴油机、伦克变速箱以及液压调整的双销履带。

采用欧洲动力模块后，挑战者-2E的单位功率从挑战者-2

的14.1千瓦/吨提高到17.6千瓦/吨，公路最大速度从每小时56千米提高到每小时72千米。

欧洲动力模块不仅使挑战者-2E的发动机总功率得到提高，而且就动力部分的体积和重量来看，欧洲动力模块也比原来挑战者-2坦克采用的800千瓦动力系统更为紧凑。

这样就可以省出更多的空间用于增加燃油携行量，其结果就是挑战者-2E的最大行程达到了550千米。

挑战者-2E装有第二代液气悬挂系统，驾驶员能够通过一个改进的液气压力控制器，调节车体姿态，其行走部分采用了橡胶缘的负重轮，双销挂胶履带，适合在世界绝大部分地区使用。

挑战者-2涉水深为1.07米，挑战者-2E涉水深为2米。这项性能的提高得益于后者在炮塔尾部采用了新的"风箱"型空气进气口，能够将空气直接抽到发动机中。发动机有两台相互独立工作的舱内气泵，当挑战者-2E涉水时，依然能够保持车体的核、化、生三防能力。

挑战者-2E仍然采用120毫米L-30A1线膛炮。当时世界上主要坦克生产国早已转向滑膛炮，英制L-30线膛炮的身管为55倍口径，由于"线膛"限制，它的性能与滑膛炮的代表，就是德国RH-120L-55坦克炮存在着不小的差距。

火炮威力是坦克炮最基本的一项性能指标。在采用相同技术水准的弹药时，炮口动能大的火炮显然具有更大威力。L-30火炮发射滑动弹带的尾翼稳定脱壳穿甲弹时，炮口初速约每秒1530米，炮口动能10兆焦。

德制L-44虽然身管长度比L-30短约1米，但滑膛结构使其初速达每秒1650米，炮口动能约10兆焦，与L-30相近。L-55的威力更是有本质提升，初速可达每秒1730米，炮口动能超过13兆焦。

L-30坦克炮采用分装弹药，限制了其穿甲弹弹芯的最大长度。当前英军装备的120毫米穿甲弹为L-23贫铀弹，弹重6.63千克，弹芯长500毫米，而同时期的美国M-829/DM-43穿甲弹弹芯长度已超过700毫米。

L-23在2000米距离上的最大穿深约560毫米，勉强与M-829A/DM-43持平，但与新型M-829A3相比，穿甲能力存在显著差距，而为L-55研制的DM-53钨芯穿甲弹穿深已达L-23的1.5倍。L-30炮的劣势明显。

此外，身管寿命低是线膛炮的通病。L-11坦克炮的身管寿命仅120发。在1991年海湾战争中，英军第七装甲旅在"沙漠风暴"行动前，其编制内约1/3的挑战者坦克就在训练中就打秃了膛线，而必须临时更换炮管。

L-30通过采用电渣熔炼、身管单肉自紧等新工艺，将身管寿命提高到约500发，但仍无法与120毫米滑膛炮相比。德制L-55火炮的身管寿命约700发，经美国改进的M-256型火炮寿命达到1000发。

120毫米线膛炮的改进潜力也无法与120毫米滑膛炮相比。L-30的身管已长达55倍口径，接近坦克炮的倍径极限。使用加长身管的办法提高火炮威力和射程显然行不通了。此外，L-30还面临着另外一个难题：由于采用L-30线膛炮的国家相对较少，新型弹药的研制也相对滞后。

当时，120毫米线膛炮的使用国仅有英国、阿曼、约旦、伊朗、印度五家，其中大部分国家还只是火炮的使用国，缺乏研制、生产新型弹药的实力。相比之下，正在使用120毫米滑膛炮的国家多达十几个，其中包括德、美、法、意、日、瑞士等工业强国。

2003年8月，约旦和阿曼决定给现役的挑战者-1坦克换装120毫米滑膛炮，英国方面虽然还没有出台明确的计划，但挑战者最终放弃线膛路线似乎已经不可避免。

英国主战坦克一直保持着有英国特色的堡垒式厚重装甲设计，挑战者-2E亦是如此。挑战者-2E拥有比以前更加简洁的外形，车体和炮塔使用一种新的先进装甲技术。

这种未被透露名称的新装甲技术主要是采用了新材料，来增强抗破甲弹以及动能弹攻击的防护能力，而且在装甲外层还有低可探测性涂料，可以降低敌方毫米波雷达和红外探测器的作用距离，有效降低被导弹命中的概率。

挑战者-2E拥有一个出色的全自动火灾、爆炸探测系统，在乘员舱和动力舱有抑燃抑爆系统。实际上在挑战者-2E的炮塔座圈以上，已几乎没有爆炸物隐患了。

120毫米主炮炮弹全部存放在一个装甲保护的隔舱中，这也就意味着成员的生存能力得到了极大的提高。炮塔的各种设备全部都是电驱动，这就消除了液压驱动系统的液压油泄露所可能导致的火灾隐患。

从1995年开始，挑战者-2E坦克在很多国家进行了考核和演示，包括希腊、卡塔尔、沙特阿拉伯，考核的项目包括在气温50摄氏度以上的环境中进行测试等。在这些测试中，挑战者-2E总行驶里程超过6000千米，主炮实弹射击700多发。

希腊最初需要246辆主战坦克、24辆装甲抢修车、12辆架桥坦克、12辆训练坦克，后来又追加了后勤维护设备以及可能的另外250辆主战坦克的需求。维克斯公司将希腊主战坦克选型作为挑战者在国际市场获得突破的契机，无论在产品质量还是在推销策略上都下了很大工夫。

针对希腊只具有制造轻型焊接装甲车辆的经验这种情况，维克斯公司对挑战者-2E量产型在生产过程中的焊接工序数量进行了精简，车体的整个电气系统进行了重新设计，装配电路的数目限制在50条以内，这意味着产品具有更高的可靠性、更容易掌握的生产工艺、更低的造价，降低了成本，简化了构造。

拓展阅读

尽管维克斯公司研制的挑战者-2E已明显优于挑战者以往的所有型号，但其在国际市场的销售依然遇冷。希腊军方原准备用20亿欧元订购维克斯公司的新型坦克，但经过评估后，他们却从德国承包商手中订购了豹-2坦克。

法国勒克莱尔主战坦克

    勒克莱尔主战坦克，或称AMX-56主战坦克，是法国GIAT集团在20世纪80年代为法国陆军研制的新一代主战坦克。该坦克是整合传统的火炮、自走炮、侦察车、履带式战车以及电子预警和控制平台于一体的综合性战车。

　　勒克莱尔主战坦克被誉为全球第一种第四代主战坦克，它的报价为1千万美元，使同为一流战车的M1A2、豹-2A5/A6、英国挑战者2等望尘莫及，放眼全球仅有日本的90式主战坦克的造价能与其媲美。

　　第二次世界大战结束后，法国人检讨战争失败的教训，认为坦克的机动力必须放在首位，而装甲厚度无论如何增加，总会被更新的反装甲武器轻易击穿。因此，往后法国陆军使用的数种坦克，都是将机动力放在优先、牺牲装甲厚度的轻型坦克。

　　20世纪80年代后，由于科技的大幅进步，最先进的主战坦克如德国豹-2、美国M1主战坦克都能有效兼顾火力、机动力与防护力，所以，法国也不再做痛苦的抉择。

火力方面，他们使用大口径主炮与先进的射控系统；防护能力方面，使用高科技的复合装甲，防护效能远高于相同厚度的传统钢质装甲。虽然火炮与装甲的提升会使重量大幅增加，但是配备大功率发动机与优良的悬挂系统后，仍能拥有极出色的机动能力。

法国陆军新一代坦克研发计划始于20世纪80年代初期，法国决定自主研究新一代坦克，由GIAT集团负责研发，基本设计在1985年定案，1986年1月正式命名为勒克莱尔主战坦克。勒克莱尔的第一辆原型车在1989年年底推出，1991年9月起陆续出厂16辆。勒克莱尔与豹-2、M1相同，也是一款能同时在火力、机动力与防护力都有出色表现的第一流先进主战坦克。

勒克莱尔坦克除了具备M1、豹-2等当代最精锐坦克必备的特质之外，更以大量应用最尖端科技著称于世。法国人甚至宣称勒克莱尔是全世界唯一的第四代坦克。由于设计之初便引用最新的科技与概念，勒克莱尔的体积相当紧致，长度比M1、豹-2短了1米左右，车高仅2.47米。勒克莱尔节省的体积重量不仅被用在装甲防护上，也替未来的提升预留空间。

体积减小不仅使得被弹面积缩小，也让勒克莱尔在拥有与M1A2同样厚实的装甲之下维持54.5吨左右的战斗重量，使得机动力大幅提升，并能降低战略运输与桥梁承载的负荷，而且各国的装甲救援车几乎都拖得动，能减低换装的成本。

在防护能力方面，勒克莱尔采用钢制全焊接车体与炮塔，车体与炮塔本身拥有一层基底装甲，炮塔四周并可加挂复合装

甲，这使得勒克莱尔成为继以色列梅卡瓦3之后，全世界第二种使用模块化装甲技术的主战坦克。

勒克莱尔炮塔与车体正面的主装甲是由氧化铝陶瓷与高硬度钢板构成的复合装甲，其基本结构是由装甲钢制造的箱型结构来容纳陶瓷层；装甲内部的陶瓷被制作成扁平的条状，由高韧性的特种铝合金包覆成块状，再将这些块状物焊接在母板上，最后再将母板依照一定序列固定在装甲箱之中，而每个母板之间则以耐火聚酰胺纤维材料填充，作为吸收炮弹能量的缓冲物。

勒克莱尔可以加挂模块化装甲的部位包括炮塔四周、炮盾、车体正面以及侧裙等，其装甲模块乃固定在车体预置的钩锁上，安装作业相当容易，表面上也无任何螺栓或铆钉。

勒克莱尔炮塔外部加挂是一种简单的工具箱，可容纳饮水

容器、工具等杂物；在面对高爆穿甲弹时，此种外部工具箱能提前引爆穿甲弹，降低喷流作用在本体装甲的能量，具有一定的防护附加效益。勒克莱尔拥有全车加压式核生化防护系统，自动灭火抑爆系统能于2至10微秒内侦测出火源并瞬间将其扑灭，并使用无毒性的抑燃剂。

为了降低被发现的概率，勒克莱尔的表面使用新型低红外线和低视度迷彩树脂涂装，发动机废气排放前则先经过气冷系统与车外凉空气混合，以降低热讯号与黑烟。

勒克莱尔的侧裙包覆面积极大，采用两段式设计，中间以活动组件联结，侧裙下段装有可抑制飞尘的橡胶板，保护范围几达负重轮中心。在每侧八块侧裙组件中，前三块为复合装甲，后五块则是一般均质钢板。勒克莱尔的炮塔回旋与炮身俯仰均由无游隙电力伺服系统驱动，与射控系统或炮身稳定系统连接，此外也没有传统液压制动系统液压油容易失火的危险。

勒克莱尔的炮塔后段弹舱也有完善的防护设计，包括弹舱与战斗舱之间的强化防爆隔门、炮塔末端顶部的三块泄爆板等都能保护战车免遭破甲弹的毁伤。

勒克莱尔的动力系统使用一具体积小、重量轻、易启动、热讯号低、功率高且不冒黑烟的新型水冷涡轮增压柴油发动机，由SAGEM的电子控制系统监控，搭配采用微处理器控制与静液压转向机构的先进自动变速箱，在每分钟2500转时可达1500马力最大输出功率，此外具备原地回转能力。

勒克莱尔还拥有一具涡轮机械公司的辅助动力系统，此系统包括一具涡轮发动机和发电机等，能在主发动机关闭时提供车上装备运作所需的电力，例如为车上电瓶充电、提供动力给炮塔与射控系统进行接战，或者在冷车的情况下启动发动机。

为了简化后勤维修作业，勒克莱尔的主发动机、变速箱、冷却装置与辅助动力系统等相关动力输出组件均结合成一个紧凑的矩形包件，这让动力包件的更换与维修作业变得十分简便，50分钟内可更换完毕。

而动力系统紧致化也是勒克莱尔体积大幅缩减的关键因素。勒克莱尔的油箱本身就附有抽油泵，能从一般的燃油筒中汲取燃油，能在8分钟内加满油箱，后勤补给便利迅速。

承载方面，勒克莱尔选择航天系统公司研制的液气压悬挂系统，每具承载轮各有一支SHB-3双缸液压避震器，采用氮气填充，具备极佳的避震与吸震的功能。

由于车体较短，勒克莱尔只有六对承载轮，比M1、豹-2少一对。勒克莱尔的速度达每小时71千米，平均越野速度为每小时50千米，由静止加速至每小时32千米只需要5秒。勒克莱尔的驾驶舱设有三具潜望镜，中央的一具装置日夜观测系统。

武器装备方面，勒克莱尔的主炮为一门120毫米52倍径滑膛炮，为了追求内弹道性能而未设置炮膛排烟器，改从战斗室内以压缩空气将开火后炮管内硝烟吹除。该炮拥有电子伺服陀螺仪二轴炮身稳定系统，能间瞄射击，并通过射控系统与观测系统同步动作。

除了GIAT开发的弹药外，还能使用北约制式120毫米滑膛炮弹药。主炮采用自动装填系统，故省略了装填手，全车仅编制3名乘员；自动装填不仅能减少人力需求，进而使得坦克体积能更加紧致，此外还可大幅提高射速。主炮弹药包括三种实弹、两种射击用训练实弹以及两种装填用训练哑弹。实弹为翼稳脱壳穿甲弹，有效射程4000米；高爆穿甲弹，有效射程3000米；高爆榴弹，有效射程4000米以上。

这些炮弹均使用半可燃式药筒，其底火适用于电力击发机构，发射后仅留下一片底板并排入炮尾环下方的收集袋内，不影响车内乘员操作。

至于两种射击用训练实弹分别为翼稳脱壳穿甲练习弹与高爆穿甲练习弹。虽然勒克莱尔使用的是120毫米主炮，但是其原始设计也预留了换装140毫米主炮的空间。

　　辅助武器有一挺12.7毫米同轴机枪，车上携有950发12.7毫米子弹，而车长与装填手舱口附近各有一具7.62毫米机枪，不过平时只安装车长用机枪；这两具机枪的俯仰范围不大，很难进行防空射击，主要还是用于压制地面目标。

　　除此之外，勒克莱尔炮塔后段两侧各装七具新型80毫米多用途抛射器，称为装甲车近距离防御系统，能发射烟幕弹、红外线诱饵、人员杀伤榴弹、人员阻绝地雷等，有效担负起坦克的近程自卫任务。这些GALIX发射器经过良好的适型安装设计，均整合于炮塔装甲之内，受到良好的保护。

　　勒克莱尔的车长拥有一具HL-70全周界独立回旋瞄准仪，位于炮塔上方左侧，整合有日夜间光学瞄准仪以及二维稳定仪。其中，日间瞄准仪有2.5与10倍两种放大倍率，能在4000米外发现目标，星光夜视器的放大倍率则为2.5倍。

此外，HL-70也可将星光夜视器换成红外线热影像仪，并保有加装激光测距仪的能力。勒克莱尔的炮手则拥有一具炮手瞄准仪，安装于主炮右侧的炮塔前方，整合有放大倍率为3.3倍的红外线热影像仪、放大倍率为10的日间光学瞄准仪、电视摄影机、HL-58钕-石钇榴石激光测距仪以及二维稳定仪等，拥有极佳的全天候观测能力与精准度。

车长观测塔顶拥有七具潜望镜，提供300度的观测视野，而炮手席舱盖也有三具向右的潜望镜。

勒克莱尔的射控系统精密复杂，以三具数位计算机为核心，自动化程度极高，以数位中央处理器为核心，连接车上所有的目标观测器、传感器、弹道计算机与所有的稳定系统。

接战时，射控计算机通过观测系统传来的资料自动进行目标信息统整，资料计算机则传送本身的资料，此外也获得大气感测装置获得的资料，计算出射击参数。

勒克莱尔的主炮稳定系统、主炮俯仰系统以及炮塔旋转系统均透过射控系统与HL-60/70的稳定系统、旋转系统进行同步连动，使得炮塔能自动定向，主炮永远指向目标并抵销行驶时的摇晃震动。

由于车长与炮手各自拥有独立的观测装置，加上精良射控系统的整合，使得勒克莱尔拥有猎歼能力：当炮手正用瞄准器与主炮接战某个目标时，车长就能用他的独立瞄准仪搜索下一个目标，等炮手接战完毕便按下按钮，自动将炮塔转向新的目标，让炮手立刻进行新的标定与射击工作。

此外，车长如果在炮手追描一个目标时发现另一个更有价值的目标，便能超控炮塔去对准新的目标。HL-70瞄准仪保有加装激光测距仪的空间，未来如果加装，勒克莱尔的多目标猎杀能力将由"猎歼"进阶为与英国挑战者-2同级的"杀手-杀手"能力。车长与炮手的控制面板上都有VDU显示器，能彼此监看对方瞄准仪的画面。在60秒内，勒克莱尔的观测与射控系统就能标定并攻击6个不同的目标，而变更目标射击的循环时间仅需4~6秒，多目标接战能力强大。

勒克莱尔能在4000米以上的距离发现目标，在2500米以上的距离能完成目标辨识、锁定并展开射击，越野行驶时的主炮第一发命中率高达95%，在实际测试中创下35秒内连续命中6个目标的纪录。

勒克莱尔是西方第一种在原始设计阶段就规划配备战场管

理系统的主战坦克，其内包括彩色显示器、计算单元以及数字
式无线电连接界面，以数位通讯网路将配备BMS的各车获得的
信息情报统整起来，搭配车上的导航次系统与电子地图系统，
便可在彩色显示器上清楚地标示周遭敌我位置、战场情报，并
进而规划行进路线、标定敌方目标与障碍、组织攻势或预先拟
定战术等。

　　相较于传统口述方式，BMS能让各车在第一时间内取得明确且完整的战场信息，使部队易于集结部署、以最佳路线前进，并在最短时间内部署至正确战术位置。

　　由于各单位均获得高透明度且高流通性的完整战场信息，不仅能减少遭遇伏击等突发状况，即便碰上也能迅速通报与应变，此外还能减少误击的状况，甚至在坦克本身看得到敌军前，就事先以武器瞄准其跃出位置，掌握先发制人的优势，以上优势也能使作战人员信心大增。

　　此外，勒克莱尔还配备坦克乘员与车辆电子装备，能自动显示车辆的故障部位、输入射控参数以及快速传递信息等，其显示界面就是车长的VDU显示器。

拓 展 阅 读

　　法国为了保障和支援勒克莱尔坦克，首先在1994年推出勒克莱尔的装甲回收型，接着在1997年又研发出E系列的勒克莱尔工兵车系列，包括装甲工兵车、装甲架桥车以及可供装甲回收、架桥使用的KD-2模块化排雷套件等。

以色列梅卡瓦主战坦克

　　以色列人设计的梅卡瓦主战坦克算得上是当今世界上最具活力、最有特色的主战坦克了。从1979年梅卡瓦1型坦克装备以色列军队以来，它亲历了巴以爆发的多次冲突，而且在这期间，从梅卡瓦1型到梅卡瓦4型发展了四代。

　　单就这两点，当今世界上的主战坦克中没有哪个能望其项背。梅卡瓦坦克独特的动力传动装置前置的总体布置方案，令世界上各国坦克设计师们投以惊异和怀疑的眼光。

　　在"世界主战坦克排行榜"上，梅卡瓦主战坦克也是屡屡榜上有名。从1999年梅卡瓦3居第10位，到2000年梅卡瓦3"猎鹰"居第6位，再到2002年梅卡瓦4跃居第4位，梅卡瓦坦克的蹿升，令人刮目相看。

　　梅卡瓦1型主战坦克的战斗全重为60吨，乘员4人。车体内部由前至后分别为动力传动舱、驾驶室、战斗室和车厢。通常情况下，后部的车厢只装弹药，必要时，后部车厢可载8名全副武装的步兵或4副担架，这也是梅卡瓦坦克的弹药基数大得惊人的缘故。

　　车体后门的结构很有意思，它实际上有3个后门，左面是

蓄电池装卸舱门，右面是三防装置保养舱门，中间的主后门分上下两扇，上扇门向上开，下扇门向下开，可以从车外开启，但车内有闭锁装置，像防盗门一样。

中间后门主要用于装卸弹药、乘员上下车和运送伤员，门上有一个60升的饮用水桶。战斗室内，车长位于火炮右侧，炮长在车长的前下位置，装填手位于火炮左侧靠后的部位。

该坦克的车体是铸造的，前上装甲焊接有良好防弹形状的装甲板，右边比左边高些。这一层铸造装甲后面有一空间，装有燃油，其后是另一层装甲，这种结构使该坦克有较好的防破甲弹和反坦克导弹的能力。

该坦克的车内布置与普通炮塔式坦克不同，战斗舱在车体的中部和后部，驾驶舱在车体前左，车体前右是动力舱。

　　驾驶员有一个向左开启的单扇舱盖和3个潜望式观察镜，中央一个可换成被动式夜视镜。驾驶舱与战斗舱之间有一通道，驾驶椅向前折叠时，驾驶员可以通向战斗舱。车体后部可以储存炮弹，弹药装在特制的弹药箱内并放在弹架上。

　　炮塔呈尖楔状，正面面积小，中弹率较低。后部有个大尾舱，放有电台和液压件。车长位于火炮右侧，炮长在车长前下位置，装填手位于火炮左侧靠后的部位。

　　梅卡瓦1型坦克的主要武器是1门M68式105毫米线膛坦克炮，由以色列军事工业公司生产，炮管上装有热护套。火炮俯仰角为负8.5度至正20度。车体前上装甲右部装有火炮行军固定架。

　　该火炮可以发射标准型105毫米破甲弹和碎甲弹，以色列军事工业公司还为此炮研制了尾翼稳定脱壳穿甲弹，初速为每秒1465米，直射距离达1600米，有一个直径较小的全钨弹芯和一个滑动弹带，弹丸飞行速度降较小，性能优于美国M735式尾翼稳定脱壳穿甲弹。

　　该坦克上载有92发105毫米炮弹，8发待发射炮弹存放在炮塔座圈下方，其余84发弹储存在车体后部，其中12发弹装在二联的容器内，72发弹装在四联的容器内。

　　在105毫米火炮左侧装有一挺7.62毫米并列机枪，在车长指挥塔门和装填手门上方各装一挺7.62毫米机枪，三挺机枪型号相同，装在弹链上的2000发7.62毫米机枪弹储存在间隙装甲的夹层空间里。

　　有些梅卡瓦坦克在105毫米火炮炮管上方装有一挺从车内

遥控射击的M2HB式12.7毫米机枪，该机枪用于训练炮长。在黎巴嫩城市战中，该机枪曾代替火炮使用。

梅卡瓦1型坦克采用"斗牛士"MK1火控系统，它的数字式火控装置由埃尔比特计算机有限公司设计，激光测距仪由埃劳普公司制造，车长和炮长均可使用。该系统以中央处理装置为中心，包括操作装置、控制和反馈伺服回路以及传感器。

操作装置包括车长、炮长和装填手3个操作装置。炮长操作装置是主操作装置，它为弹道计算机提供所需的人工输入信息，例如弹种和每种弹在高低和水平角上的后坐补偿。

此外，炮长操作装置还包括能使系统进行炮膛监视和供系统进行自检的逻辑板以及预选输入显示装置。车长操作装置提供系统显示器读数、射击距离和弹药输入信息。装填手操作装置提供弹药输入信息。控制回路向火炮液压俯仰驱动装置传输计算机瞄准角数据，并向运动的十字线传输方向角数据。反馈回路可确保实际瞄准角及十字线方向角与计算数据一致，并对误差进行精确校正。

该坦克的火控系统传感元件包括大气传感器、激光测距仪、炮塔倾角指标器和目标角速度传感器。

计算机出现故障时，炮长可使用方向机和高低机操纵火炮。车长可使用超越控制装置先于炮长控制火炮和实施射击。火炮配有双向稳定器，由以色列PML精密机械有限公司特许生产。

车长有一个可360度旋转的瞄准镜，放大倍率为4倍和20倍，车长潜望镜的可旋转头部通过一个反向旋转装置与炮塔方向驱协系统相连，以补偿炮塔旋转量。炮长潜望镜的放大倍率为1倍和8倍，并与激光测距仪合为一体。该坦克的夜视设备是微光夜视系统，也可以选择热像式夜视系统。

该坦克的推进系统使用美国泰莱达因·大陆公司的12缸风冷柴油机和与该柴油机相匹配的美国底特律柴油机阿里逊公司的CD-850-6A型传动装置，它有高挡、低挡和倒挡各1个，标定功率为662千瓦。

行动装置采用平衡式螺旋弹簧悬挂装置，车体每侧有3组悬挂装置，每组有两个平衡轴和两个双轮缘负重轮。6个平衡轴均独立地相对于各自的螺旋弹簧运动。车体每侧还有4个液压减振器、4个限制器以及4个托带轮，其中第一、二、四个托带轮仅支撑履带靠车体半边。

普通坦克车长与驾驶员的联系借助车内通话系统，但梅卡瓦坦克使用车长指挥控制系统。这种系统包括车长使用的转向手柄信号发生装置、电子设备和与车内通话器相连接的驾驶员用显示器。车长手柄信号发生装置安装在炮塔上，电子设备可随意布放，驾驶员用的显示器固定安装在驾驶员座位处，无论开窗与否，都易于驾驶员观察。

车长转动转向手柄时，驾驶员可从耳机中听到待命信号，同时可从显示器上看到相应的待命符号。车长松开转向手柄时，转向手柄会自动回到中心位置，此时驾驶员从耳机中听到"驾驶员，好"的命令。

该坦克的防护系统在设计时置于三大性能之首，为此采取了如下措施：为减少弹药爆炸引起的二次效应，车体前部和炮塔座圈以上部分不放置弹药。为保障乘员安全，尽可能使座位靠车体后部和相对较低的位置布置。用于保护乘员的装甲重量占坦克战斗全重的70%，大大高于其他坦克。

该坦克与众不同之处是，将动力传动装置前置，主要目的是提高坦克正面防护能力，以保护乘员安全。

该坦克在最容易受攻击的车体前上装甲、炮塔顶部和四周部位以及战斗舱顶部、后部和两侧重点保护部位，均采用间隙和间隔装甲结构。夹层空间有的储存燃料，有的存放机枪弹，以增强防护和降低二次效应。

充分利用坦克部件和设备对乘员进行保护是该坦克设计的指导思想。例如，将蓄电池、三防装置、液压动力元件、悬挂装置以及发动机和传动装置布置在乘员舱的周围，以增强对乘员的保护。

为防止弹药引爆产生二次效应，该坦克将其放在可耐高温的特制容器内，布放在不易受攻击的炮塔座圈以下的车体中后部。机枪弹存放在间隙装甲的夹层空间里，同样可防止枪弹爆炸对乘员的伤害。

该坦克还装有以色列斯佩克卓尼克斯公司专门研制的自动灭火抑爆装置，可在60毫秒内抑制并扑灭油气混合气体的燃烧和爆炸。另外，该坦克装有集体防护式的三防装置，由中央增压系统在车内建立超压，从而可防止生物、毒气和放射性尘埃进入车内。

炮长瞄准镜使用防弹片和机枪弹的钢板加以保护。车前大灯安装在可伸缩的装置上，不使用时缩回，以提高防护性。炮塔前部右侧焊有若干小肋板，以防弹片和机枪弹击中车长瞄准镜和激光测距仪。

梅卡瓦1型坦克最大的特点当然是其与众不同的动力系统前置、驾驶室居中、战斗室后置的布局。驾驶员位于车体前部左侧，其右侧是发动机舱。驾驶员有一扇向左开启的舱门并有三具潜望观察镜用于闭仓观察。由于发动机顶板的凸起部分仅占坦克车体前部侧面的三分之二，所以基本可保证驾驶员的前方视野。

驾驶室内装有以色列自行研制的坦克驾驶员语音受令系统。车长通过手柄提示驾驶员坦克应当前进的方向，并通过按钮发出速度指令，而驾驶员前方的显示器会出现相应前进方向的箭头，同时能通过装在坦克帽内的耳机听到"快""慢""前""后"等由计算机合成的提示音。

这套装置是以色列埃尔塔公司专门为坦克设计的。车长借助此装置，即使不用内部通讯大声呼叫，也能使坦克迅速而准确地进行战术机动。

在动力室的后面是战斗室，驾驶椅位置也可以用装甲板和战斗室隔开，但通常情况下，驾驶员离车时，应从椅子后方进入战斗室，再从战斗室后部的出入口下车。

这是因为在战斗中，主要的火力威胁多来自前方，驾驶员如果迎着枪林弹雨从车体前方下车的话，死的可能性比活的可能性要大。平常训练时就养成良好的操作习惯，可以在高度紧张的战场情况下也不至于乱了方寸。

梅卡瓦1型坦克的战斗室位于车体的后半部，其空间的宽敞度令人吃惊，车长、炮长和装填手的操作空间都很大，这主要是内部设备的合理布局带来的好处。

梅卡瓦1型坦克后面的空间可搭载一个班的步兵，但是一般情况下不会这样做，特别是在战时需要为伤员提供安全空间。在紧急情况下，梅卡瓦最多可以搭载8名伤员。

梅卡瓦坦克至今已发展了梅卡瓦1型、梅卡瓦2型、梅卡瓦3和梅卡瓦4型坦克4个型号。

1983年投产的梅卡瓦2型坦克与1型相比有下列改进：

增强车体正面防护：除继续采用梅卡瓦1型的夹层式间隙装甲和在间隙中储存燃料的防护措施外，该坦克还在发动机后面加了一层特种装甲隔板，以提高坦克车体的正面防护性。在发动机上方加有一个矩形铸钢盖板，它既是车体前上装甲的一部分，又可作为起吊发动机和传动装置的吊车支架，打开盖板，还可方便地维修发动机。车体前上倾斜装甲板一直向上延伸，高出炮塔座圈，对炮塔与车体的结合部位有保护作用。

采用复合装甲保护炮塔：该坦克的炮塔除继续采用1型的防护措施外，在正面和侧面部位均使用复合装甲，以增强炮塔的防护性；在炮塔尾舱下面垂吊有铁链作为对破甲弹的屏蔽措施。

改进炮弹防二次效应措施：该坦克的所有炮弹，包括待发射弹均存放在有隔离衬层的玻璃纤维储弹筒里面，储弹筒有一定的防弹能力，即使坦克装甲被击穿，炮弹也不会轻易被击中；储弹筒有一定隔热能力，即使车内形成高温，短时间储弹筒内的炮弹也不会自爆。

加装自卫用60毫米迫击炮：在该坦克炮塔左边，装有1门可从车内装弹和射击的60毫米迫击炮，该炮可发射榴弹，以杀伤软目标，也可以发射烟幕弹和照明弹。

改进火控系统：该坦克使用"斗牛士"MK2型火控系统，与"斗牛士"MK1型相比，改进之处包括用钇铝石榴石激光测距仪代替钕玻璃激光测距仪，采用更先进的弹道计算机。该火控系统可以将相应俯仰角和提前角信息送入炮长瞄准镜，该镜的反射镜可做俯仰运动，放大倍率为8倍。车长瞄准镜为周视式，带有可变焦距镜头，放大倍率为4倍和20倍，变换放大倍率用脚踏板控制。

在梅卡瓦2A型坦克中，车长有1个微光夜间瞄准镜。炮长有一个夜间射击使用的休斯公司热成像瞄准镜，该瞄准镜与昼间瞄准镜结合成一体，与火炮相连接。车长有一个监视器，可显示炮长热成像瞄准镜上的图像。

在梅卡瓦2B型坦克中，装有一台更先进的埃尔比特公司数字式计算机、一个气象中心装置和一个侧倾自动修正仪。气象中心装置包括横风、气温、气压等传感器，可为火炮提供较完整的射击修正参数。借助"射击门"装置进行射击，能大大提高坦克的行进间射击能力。

1987年投产并装备部队的梅卡瓦3型坦克在外观上与前两种型号无太大变化，然而，几乎每个主要部件都是新的，从而明显地提高了火力、机动和防护性能。该坦克的主要改进有如下几个方面：

　　与前两种型号相比，该坦克使用了更多更先进的复合装甲，尤其是在炮塔设计中采用了可更换的模块式复合装甲，这种装甲模块还可以被更先进的复合装甲模块所代替。

　　炮塔体不再是双层间隙钢板装甲，而是单层壳体结构。这种单层壳体既是基体钢装甲，又是炮塔正面和两侧安装复合装甲模块的基体。复合装甲模块是一个个钢装甲盒子，盒内装有复合装甲板组件，与炮塔基体相连接，用螺栓固定。

　　突出炮塔座圈的车体外壁上也采用这种模块装甲。在驾驶员前的前上装甲板上也用螺栓固定有模块装甲，以增强对付来自左侧的攻击。侧裙板也采用以弹性连接方式连接的复合装甲裙板。

　　为尽量减小燃料着火的危险性，在两个后部燃料箱遭到攻击小面积破损时可迅速将燃料排掉，万一碰到大面积破损时可从顶部把燃料排掉。车体底板的夹层中不再储存燃油，但两层板的间隙对衰减地雷爆炸冲击波极为有利。底板的加厚也提高了防地雷能力。

　　三防装置位置移向炮塔尾舱，蓄电池位于炮塔座圈以外，从而达到易维修和增强侧面防护双重目的。

　　该坦克的火控系统装有"斗牛士"MK3型火控系统，主要改进是新型炮长瞄准镜有12倍放大倍率，进行独立双向稳定，装有掺钕钇铝石榴石激光测距仪，备有昼夜观察通道。该镜连同弹道计算机和一套传感器构成指挥仪式火控系统，可简化目标捕捉进程和大大提高行进间命中率。

　　该坦克装有由阿姆科拉姆公司发展的先进的威胁报警系

统，3个广角探测器分装在炮塔后部两侧和火炮防盾上，可全方位探测并将威胁预警显示在车长屏幕上。为提高生存力，该坦克装有全电式炮塔旋转驱动和火炮俯仰驱动装置。

该坦克武器系统主要武器由一门105毫米线膛炮改为120毫米滑膛炮，可发射M1A1坦克和豹-2坦克的炮弹，但后坐装置设计得更紧凑。该后坐装置为同心式，采用氮气作弹性介质，从而使该装置的直径比同款装置小100毫米；另一优点是可以从炮塔前部抽出火炮。

炮弹仍储存在车体后部，但每箱装4发炮弹改为一发弹。该坦克的炮弹携带基数为50发。

该坦克推进装置采用风冷柴油机，是前两种型号坦克发动机的改进型，功率从原来的662千瓦增高到895千瓦。功率提高的原因是采用了新型涡轮增压器和中冷器、新型连杆和活塞以及10孔喷油器等。传动装置是唯一沿用的部件。

行动装置有12个弹性支撑在两个同心螺旋弹簧上的负重轮，每侧6个，其中4个有旋转式液压减振器，前后两个有液压限制器，悬挂总行程增至600毫米，其中行动程为300毫米。履带为干式钢质单销式，每条履带有110块履带板。从0加速至每小时32千米的时间为10秒。

2002年6月亮相的梅卡瓦4型坦克是一种经过实战检验的第四代战车，它代表了当代坦克设计的各个方面，包括防护、火力、机动性及指挥控制等从量变到质变的飞跃。

以色列军方向外界披露，梅卡瓦4的研发工作于梅卡瓦3投入批量生产9年以后开始，在设计上基本沿袭了一直备受好评的梅卡瓦系列坦克的构架，同时在多方面引入了以色列军工科技的最新成果，使其能够最大限度地适应在约旦河西岸及加沙地带巴勒斯坦地区的城市作战。

梅卡瓦4采用德国MTU833内燃发动机，该发动机由美国通用动力公司地面系统分部授权制造，最大输出功率可达1103千瓦，远远超过梅卡瓦3上安装的美制AVDS-1790发动机，且成本更为低廉。

更为难得的是，MTU833的体积较小，这使得MK4车身前方的发动机罩外观平整，不像MK3一样高高隆起，对改善坦克乘员的视野十分有利。与MTU833发动机匹配的是德国伦克公司的RK325自动变速箱。

这种自动变速箱体积虽很小，传动效率却很高，它有5个前进挡、两个倒挡，而不像前几代的变速箱仅有两个前进挡和一个倒挡。

车身悬挂系统变化不大，仍采用弹簧减震器，其减震冲程长达600毫米，足以应付戈兰高原的丘陵地貌，即使是在布满岩石的河滩上，梅卡瓦4仍能以60千米的时速行进。此外，梅卡瓦4还装有辅助动力系统，在主引擎停止工作的情况下，该系统可以为车载电池充电和向射击系统提供电力保障。

梅卡瓦4的主炮仍沿用梅卡瓦3坦克上的120毫米滑膛炮，但反后坐装置已改用压缩气体作为储能元件，而不是以前惯用的螺旋弹簧。这一改性不仅使反后坐装置的直径减小了约100毫米，而且允许火炮使用更大的膛压发射弹丸，使弹丸的速度提高，穿甲能力增大。

该炮的另一个特征是使用了新的热防护套，导热性更为均匀，这样炮管温度变化所导致的形变更小，从而提高了火炮的射击精度。

武器方面，以色列国防军借鉴了豹-2A6坦克及勒克莱尔坦克的火力增强方案，为梅卡瓦4专门研制了一种新型穿甲弹，该弹具备较高的初速和精度。

除此之外，梅卡瓦4的主炮还可发射近年来新出现的反坦克器材穿甲弹、激光制导反坦克炮射导弹。

辅助武器为数挺7.62毫米机枪以及1门60毫米内置迫击炮。选用60毫米迫击炮作为辅助武器是梅卡瓦坦克的一大特色，梅卡瓦4继续保持了这一特色。

该炮可从后膛装弹，弹道弯曲，在城市作战中可杀伤隐藏于建筑物后面的武装人员。当敌方反坦克导弹袭来时，它能快速发射烟幕弹等干扰弹药，让来袭导弹找不准方向、徒劳无功。

此外，梅卡瓦4的车身后方新增了两具旋转式弹匣，每只弹匣可容纳5发炮弹，炮弹的类型由车载计算机统一管理。弹匣被安置在炮塔内一个独立空间里，以防止车内弹药爆炸而对乘员造成伤害。

装填手只要按下选择按钮便可找到所需的炮弹，然后将其送入炮膛。因此，梅卡瓦4虽然不具备类似勒克莱尔坦克及日本90式坦克那样的自动装弹功能，但这两个弹匣同样使装填手的效率得到了显著的提高。除这10发炮弹之外，坦克的其他弹药均被存放在炮塔下方的支架当中。

这种将大量弹药置于车身之中的作法在以色列国内曾引起过不小的争议，有人曾公开批评这种设计对坦克乘员的安全性极为不利，主张还是应当将弹药置于车身的底部。

但也有意见提出将弹药置于车底又会增加装填手的操作难度，同时认为将弹药置于主炮尾部亦不甚合理，认为应将弹药移至最为安全的车尾存放。

梅卡瓦4火控系统的核心为埃比特系统公司生产的"奈特-3"瞄准系统的改进型，追加装配了以军最新研制的自动跟踪系统。

该跟踪系统以第三代红外夜视仪为基础，可根据目标的移动情况自动计算射击数据，且自带专用减震器，保证在瞄准时丝毫不受车身颠簸的影响。另外，梅卡瓦4还为射手专门配备了一部高精度热成像仪，在夜间和恶劣气候条件下作战时，它可以帮助射手锁定目标。

由于以色列军队长年在加沙地区同巴勒斯坦武装进行巷战，巴勒斯坦民兵经常利用城市建筑物为掩体向以军坦克发动偷袭，这就对坦克的外界感知能力提出了更高的要求，为此，梅卡瓦4为每个乘员配备了外部侦察用监视器，可将车身四周的情况如实反映给每一位乘员。

当坦克需在市区作长时间停留时，4名车组人员还可分工负责监视方向。相对于世界上的大多数主战坦克都只是车长席才安装有全景监视器，梅卡瓦4的这一设计无疑有助于提升装填手和射手作战参与程度和减轻车长的负担。

当然，车长还另行配有专用的情报和通讯设施，为其制定坦克的行动方案提供信息支持。另外，埃比特系统公司还为梅卡瓦4坦克研制了烟幕发生器、无线电干扰器和激光探测、预警装置。

梅卡瓦4虽然是主要着眼于城市作战而开发的坦克，但其正、侧面的装甲厚度却几乎与伊拉克战争中的挑战者-2坦克相当，防护部分的重量约占整车重量的75%，比其他坦克的50%要高许多。难怪其自重高达65吨，是世界上最重的主战坦克之一。

梅卡瓦4采取新的装甲防护措施，其外形与前几型相比有明显变化，整个炮塔外形如飞碟，形状扁平，四周带有复合装甲，正面装甲呈楔形。这种独特外形有效地减少了正、侧方的暴露面积，极易导致敌方武器在命中时产生跳弹，对于防御从屋顶等高处射来的轻型武器尤为有效。

炮塔的顶部也装有瓦片状的模块装甲，仅20~30毫米厚的炮塔装甲就能抵御反坦克导弹等重型武器从正前方以70度角的袭击，而且只要不被敌弹瞬间击穿，炮塔的伞状结构便可迅速将来弹的能量分散。

除了炮塔设计独特外，整体式火炮防盾设计也让人称赞。防盾盖板可随着火炮的俯仰而滑动。无论俯仰到什么角度，它都能对炮塔内电子系统和火炮俯仰装置进行滑动保护。

然而，当把炮塔和车身最大限度地"压扁"，又在车顶加装了坚实的装甲之后，坦克乘员和装备如何出入车舱便成了一个难题。对此，MK4的设计师又独辟蹊径，4名乘员均经由车长室旁一个小舱门进出车舱，而弹药等装备则通过车身后部的舱盖安放到车内。这样既保证了人员出入和弹药装卸的方便，又可不牺牲坦克的安全性能。

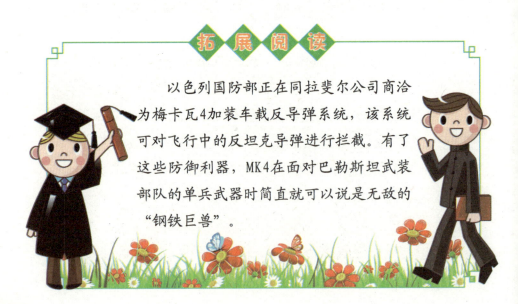

拓 展 阅 读

以色列国防部正在同拉斐尔公司商洽为梅卡瓦4加装车载反导弹系统，该系统可对飞行中的反坦克导弹进行拦截。有了这些防御利器，MK4在面对巴勒斯坦武装部队的单兵武器时简直就可以说是无敌的"钢铁巨兽"。

日本74式主战坦克

　　74式主战坦克是日本陆上自卫队的一款主战坦克，由三菱重工业完成。作为20世纪70年代中期至80年代的主战坦克，74式坦克是战后日本设计的第二代坦克，研制工作始于1964年，1967年完成了部件研制。试验任务后，开始研制样车，被命名为STB，意为"第二代国产坦克样车"。

从1968年开始，先后进行两次整车试制。第一次整车试制制造了两辆样车，1969年6月制成STB1，1969年7月制成STB2；在1970年11月至1971年11月间又改进试制成STB3－STB6共4辆样车。

两次6辆样车都进行了广泛的技术与使用试验，还进行了射击及维修保养试验，试验结果基本上达到战术技术性能要求。在正式定型之前，又进行了适当的改进，最后于1974年9月定型，命名为74式坦克。

三菱重工从1975年9月开始生产首批型车，到1990年停产，15年间共生产74式坦克870辆。坦克除火炮是按照英国专利由日本制造，以及该炮配用的脱壳穿甲弹按英国专利特许生产外，其余各种部件均为日本自行研制。

74式主战坦克为传统的炮塔型坦克，由车体和炮塔两部分组成。车体由均质钢板焊接而成，驾驶舱在车体左前方；车体中部是战斗舱，其上有炮塔；车体后部为动力舱。

炮塔为均质钢铸造结构，内有3名乘员，车长和炮长位于火炮右侧，炮长在车长前下方，装填手在火炮左侧。车长指挥塔可360度旋转，有1个向后开启的单扇舱盖。

驾驶员位于车内左前方，有1个向左开启的单扇舱盖，舱盖前面有3个JM-17潜望镜，中间1个可由红外潜望镜替换。在两侧履带的前护板上各装1对驾驶灯，内侧为白光灯，外侧为红外灯。

与红外灯相配合使用的红外潜望镜有效视距为50米。坦克前面可安装推土铲，每一个坦克连有1辆坦克配备推土铲。

　　该坦克武器系统装有1门105毫米线膛炮，它是英国国防部技术研究所研制、维克斯公司生产的。

　　日本在引进一部分维克斯公司生产的L7A3式105毫米火炮后，从1978年度开始由日本制钢所特许生产。为减小该炮的后坐力，将驻退机改为同心式，还改进了复进机。

　　该炮采用立楔式炮闩，可自动开闩和闭闩。火炮射速为每分钟9~10发，方向射界360度，俯仰范围为负6度至正9度，借助液气悬挂调节射界能增大6度。

　　火炮身管长为口径的51倍，即5.34米，没有炮口制退器，没有隔热护套，中部装有抽气装置。火炮重心位于炮耳轴附近，因而没有弹簧补偿装置。更换炮管十分方便，10分钟内即可完成。

　　火炮防盾布置在炮塔外面。炮管寿命理论值为250发，实际上大约为150发。配有半自动供弹机，能自动提取炮弹，并将炮弹输送至炮尾。

　　日本曾考虑过自行研制火炮，但为了提高74式坦克的火力、节省研制费用以及考虑到与美国M60坦克火炮的通用性，因此决定采用北约国标准坦克炮。

　　105毫米火炮发射脱壳穿甲弹和碎甲弹。从英国购买的脱壳穿甲弹的弹丸重6.12千克，初速为每秒1490米。为了提高74式坦克的火力，从1983年度开始在日本特许生产美国的尾翼稳定脱壳穿甲弹，初速为每秒1501米。

　　碎甲弹的初速为每秒730米，弹丸重11.26千克，是日本自行设计和生产的，研制了近4年，1975年度开始批量生产。防卫厅从1976年2月开始采购4批碎甲弹，共24700发，每发约10万日元，总共价值24.1亿日元。

74式坦克105毫米线膛炮配用的碎甲弹有缺陷，在实弹射击训练中先后发生过3次炸膛事故，虽然已查明原因，并采取了必要的改进措施，但仍立即将剩余的1万发弹收回各弹药库，采取了禁用措施。

该坦克弹药基数55发。1977年曾对少量的74式坦克的炮弹存放位置进行过简单的改进，去掉位于车体前部右侧的105毫米弹药舱，将这里的炮弹分散布置在战斗舱两侧，这是接受第四次中东战争的教训加以改造的，但炮塔后部平衡尾舱里仍存放炮弹。

该坦克的火控系统由火炮双向稳定器、红宝石激光测距仪、模拟式弹道计算机、潜望式瞄准镜等组成。

火炮双向稳定系统装有1个存储器，坦克在遇上剧烈回转或极度倾斜，目标超出俯仰范围的情况下，当车辆恢复原来位置时，存储器能使火炮继续捕捉目标。但是，假如倾斜度过大，超出了存储器的10度左右范围，就超出了存储器的能力，稳定器便失去作用。

炮长通过装在控制装置上的总开关控制火炮稳定系统，即使稳定器处于工作状态，如果振动炮长的火炮控制手柄，亦可使火炮进行高低和方向转换。

红宝石激光测距仪与J3车长潜望式瞄准、观察镜组成一体，装在车长指挥塔正面，它的测距范围为300~5000米，精度为正负10米，每分钟工作10次。

车长和炮长都有测距按钮，紧急情况下可由炮长操纵。测距数据自动输入弹道计算机，并显示在计算机显示窗里，在车长瞄准镜和炮长瞄准镜内也可看到。在测定距离时激光束不易受到外部影响，并能检测假回波。

模拟式计算机装在炮塔内右前部，位于车长和炮长之间，一般情况下由车长使用，炮长也可进行控制。当不用激光测距仪时，也可手动输入距离数据。

计算机输入的参数还有炮耳轴倾角、风速、风向、气温、湿度；炮膛磨损程度、发射药温度、弹药类型这些数据均为人工输入。

解算出的火炮高低角和方向角显示在车长和炮长瞄准镜内，但不包括射击提前角。随后火炮自动移动，炮长只需将瞄准十字线对准目标，按下激光测距按钮，再按下火炮击发装置，即可射击。

该坦克的射击提前角是车长凭经验和感官能力，根据一个提前角以5个密位为单位进行估算的。

J3车长潜望式瞄准镜为单目式，与火炮和计算机联动，为观察、瞄准、激光测距三合一型；在车长指挥塔上还有5个潜望镜，每边各2个，另1个朝后。

J2炮长潜望式主瞄准镜为炮长观察、瞄准两用单目式潜望镜，同样与火炮和计算机联动。还有1具作为炮长辅助瞄准具的J1昼夜红外瞄准镜，装在防盾内，并列安装于火炮右边，夜间观察距离约在1000米以内。

装填手有1个潜望镜位于炮塔顶部舱口前方，能360度回转。在火炮防盾左边，固定装有主动式红外和白光探照灯供瞄准使用，白光氙气灯的照明距离为3000米，红外探照灯为1200米。

该坦克的火炮和炮塔的控制采用全电动系统，这是该坦克的一个特点，也是吸取第四次中东战争中参战坦克的教训而改进的。因为在这次中东战争中发现，由于火炮和炮塔使用电液式控制系统，液压油容易着火。

在全电动系统中使用一台自制的惯性小、灵活敏度高、效率高的电动机，这样，整个炮塔系统的体积减小了，并且提高了可靠性和生存力。全电动系统有电动和手动两套操纵装置，可由车长和炮长进行控制，必要时，车长可超越控制。

该坦克7.62毫米并列机枪安装在主炮左侧，用于近距离作战和辅助测距。该机枪是战后日本为装备国产二代新坦克及二代新装甲车而自行研制的，并首次装在74式坦克上使用。该机枪的原型是步兵使用的62式机枪，两者通用部件很多。

该机枪不具备勃朗宁机枪所特有的散热护套，机枪靠炮塔内机枪安装孔里设置的强制冷却系统吹出冷风冷却，不用机枪时，可用这个系统为战斗舱通风。

该机枪的标准射速为每分钟650发，但可通过前后移动位于机枪右侧后下方、装填柄与握把中心之下的快慢机就能调到每分钟低于200发或每分钟高于1000发的射速。采用北约国标准枪弹，携弹4500发。

M2式12.7毫米高平两用机枪装在位于车长指挥塔和装填手舱口中心线上的简单支架上。车长和装填手都可以从各自的舱口探出身来手控射击。该机枪是由美军提供的。

该机枪对空射速为每分钟1050发，平射时为每分钟400发，可进行360度环形射击，高低射界为负10度至正60度，初速为每秒850米。采用北约国通用标准枪弹，携弹600发。

该坦克的推进系统采用三菱二冲程风冷柴油机，这是一台有10个气缸、缸径135毫米、活塞行程150毫米、每缸有4个排气门的直流扫气发动机。它装有两台机械传动的废气涡轮增压器和两组中冷器。能燃用标准柴油、JP4煤油和汽油等多种燃料，在每分钟2200转时发动机的功率为640千瓦。

日本发展的这种二冲程坦克发动机主要用于该坦克，但改变缸数后形成10缸、6缸、4缸3种机型的一个完整系列，也用于其他战车。各机型结构大体上相同，气缸排列都采用V型90度夹角，缸径、行程相同，具有同样的燃烧系统、增压方式和冷却方式，主要部件可以通用。

该坦克采用MT75A十字传动装置，与发动机装成一体。传动装置包括行星齿轮机构和多片湿式离合器，有6个前进挡和1个倒挡，在每一个排挡上都可以进行原地转向。

该坦克的变速机构是把61式坦克那样的高低档离合器作为一次变速机构与两个行星齿轮排组成的二次变速机构共同装在同一轴上。

61式坦克变速机构的每次变速是用脚操纵高低档离合器进行的，而74式坦克则是当操纵高速杆时，一次变速机构中的离合器就机械断开，而相应于一次变速机构的各档的液压开关机构工作以后，由于同回路内的差压转换阀的作用，使一次变速机构自动结合。

一般不使用离合器踏板，踏板仅在启动、停车时使用，与装有液力变矩器的车辆相同，可以不用离合器工作，操纵极容易，而且完全没有流体损失。因此，在启动时扭矩增大，而且差压转换阀适应于人的感觉，柔和地使离合器结合。

转向系统为功率再生式，这种系统系第一次装在日本履带式战车上。它是利用中间轴上差速器的差速作用，在转向时从制动一侧（即内侧），向不制动一侧（即外侧），回流功率，这种作法能使内部功率损失减到最小。

该坦克采用部分可调式液气悬挂装置，这是在世界有炮塔的坦克上首次采用。该装置的工作原理和结构是：

负重轮的平衡轴与活塞杆相连，随着平衡轴的上下运动，

活塞作往复运动，推动油缸内的液压油，并通过液压油使装有气体的气囊压缩或膨胀，这就可以因气体的弹性而起到缓冲作用。

油泵将油送到油缸或使其返回油箱来调节油缸内的油量，油箱布置在车体右侧斜甲板之下，主油泵放在发动机的前面。前后左右端的4个负重轮可以自由调整高度，右前与左后负重轮、左前与右后负物理轮的控制油路彼此相连。

在炮塔吊篮的周围，有4个圆柱形闭锁阀，用于坦克射击时保证底盘稳定。在发生机械故障或行动部分在战斗中损坏时，闭锁机构也进行闭锁。在驾驶座椅后部有紧急手动调节装置和辅助油泵。

车长和驾驶员各配1套车姿操纵装置，前者布置在车长座椅右侧，靠近炮塔控制装置，后者布置在驾驶员座椅正面。

车长操纵装置上装有平衡调整水准仪和车辆姿态控制开关，专供车长在射击时调整使用；还装有超越驾驶机构，当该机构开启时，驾驶员操纵装置便失去作用，而且驾驶员操纵装置上显示出车长超越驾驶的灯信号。车长超越射击操纵装置与火控装置的弹道计算机相连接。

驾驶员操纵装置上装有车高调整开关、标准姿势开关和车姿控制开关，当操纵标准姿势开关时，便可使车体从任何姿势返回标准姿势，而且它一接通，其他所有开关便失去作用。

驾驶员或车长使用把手型开关操纵各自的车姿操纵装置，把手的倾斜转变为电信号，用以控制油缸的油量，使坦克的俯仰角度增加正负6度，左右倾斜角度达正负9度，或使车底距地高最低达200毫米，最高达650毫米。

该坦克的车体控制速度比瑞典的Strv103坦克慢得多。虽然两车的性能要求不同，但车重基本相同，因此车体调整速度慢就意味着机构的功率较低。

可调悬挂装置的优点是：便于充分发挥火炮威力。通过调节车体前后倾角和车底距地高，可以扩大火炮的高低射角，对坦克在山地使用具有较大的意义。

此外，调节车体前后左右倾斜角，对在各种地形条件下火炮的稳定创造良好的条件，从而提高火炮的精度。改善机动性。通过调整车底距地高，可提高车辆的通过性，还可提高坦克的越野速度。

74式坦克的越野行驶速度为每小时35千米。该装置可使坦克的车高降至2米，暴露面积减小。车体调高以后，便于从车内向外观察。

该装置的缺点是结构复杂、可靠性差、维修比较困难、控制机构比较复杂、液压装置压力较高，这就要求液压零件有较高的加工精度和良好的密封性。

该坦克装备初期曾出现过漏油等问题，改进油管的材料后已不再发生这种漏油现象，但油温不易冷却。此外，还存在成本高、重量大、占用空间多等缺点。

该坦克每侧有5个大型的双轮缘挂胶负重轮，没有托带轮，主动轮后置。主动轮上有11个齿，齿插在履带板的双销之间，突出在履带外面。

该坦克采用双销双块式履带并在履带销上增加了橡胶衬

套。尽管这种履带造价高、复杂、重量增大，但使用寿命和重量分布都比较优越。履带板是用高锰钢制造的，具有"山"形履刺，根据需要也可安装橡胶衬垫，以提高行驶性能，减少噪声，延长寿命。

该坦克的驾驶部分和战斗部分是密封的，不需任何准备即可涉过1米深的水障。发动机部分未做密封，废气通过一个排气管排出。潜渡时炮塔顶上需安装1个组合式进气筒。潜渡准备时间需要15~20分钟。

该坦克的车体前面呈流线型，宽度较窄，高度较低，车体前部装甲厚130毫米，两侧厚75毫米，后部厚50毫米。炮塔前部装甲厚130毫米，两侧厚75毫米，后部厚50毫米。

由于车高降低，车内空间必然减小，为此采用了相应措施，将车体上部两侧扩展到履带上方，以满足对车内空间的需要。车体下半部采用整体铸造，这种结构在防护性、强度和重量等方面有很多优点。但在生产上却需要高技术和大型设备，因而成本较高。

炮塔外形与法国AMX-30坦克的相似，呈半圆形，炮塔后部则稍有延长。由于炮塔扁平，易于产生跳弹，减少了中弹率。炮塔侧面和车体后部还配有放置各种用具的托架，除便于使用外，还可避免炮弹直接击中，起到辅助防护的作用。

该坦克具有三防能力，在通过污染地区时车内可以完全密封，同时也采用了高性能的空气滤毒罐。在炮塔后部两侧各装有3具一组的60毫米烟幕弹发射器，可由车内控制发射，两组可分别发射，也可同时发射，发射距离为100米。烟幕弹在离地面约30米高度由时间引信引爆，形成一朵朵直径达50米的烟云。

日本防卫厅从1990年开始正式对该坦克进行现代化改进，计划将870辆74式坦克全部加以改造，1993年将改进的74式坦克装备自卫队。

现代化改进工作主要是更新该坦克的火控系统，采用为下一代90式坦克研制时储备的最新技术。为了能与90式坦克火控系统的性能大致相同，需要从捕捉目标到瞄准和射击都用计算机进行计算的高技术化的计算系统。把激光测距仪中的红宝石激光介质改为CO_2激光介质，夜视仪从现在的主动式改为被动式，同时还改进了炮弹和提高发动机功率。

拓 展 阅 读

由74式主战坦克衍生的87式自行高炮采用雷达跟踪与光学跟踪重复配置，实现了跟踪、搜索、处理、射击、保障一体化，机动能力强，自动化水平高，可在多种条件下实施火力掩护任务，有极强的单车作战能力。

日本90式主战坦克

日本90式主战坦克是20世纪80年代后期，为了取代日本老旧的61式坦克及部分74式坦克而开发的陆上自卫队的第三代主战坦克。该坦克的诞生使日本一改主战坦克火力、防护力不足的印象，直接跃入世界一流坦克的行列。

90式主战坦克采用德国莱茵金属公司的120毫米滑膛炮，带自动装弹机，炮长瞄准镜内组装激光测距仪，并配有热像

仪，具有行进间和夜间攻击的能力。

动力装置采用二冲程、水冷、增压柴油机和带液力器和静液转向机构的自动变速箱，悬挂装置为液气-扭杆混合式。主要部位采用复合装甲或间隔装甲。有三防装置、自动灭火装置和激光探测报警装置，自动化和现代化程度都非常高。

日本陆上自卫队早期的61式与74式主战坦克都十分注重以地形为依托的战术，作战模式倾向定点射击，以防守为主，而不是与敌方主战坦克作战。

20世纪70年代末期，随着日本的综合国力提升，日本便开始研究将海上自卫队原本的"消极专守"战略转为向外推进的"洋上击破"；陆上自卫队也将过去"诱敌深入"的防守策略改为"水际击破"，将决战区域向外拓展至滩岸，企图在敌军半渡或刚登上滩头之际便将之消灭。

因此，这一阶段陆上自卫队提出许多用于滩岸决战的武器系统，包括购买MLRS多管火箭炮、发展车载反舰导弹系统，以及发展战力更强大、能直接与苏联T-72、T-80坦克正面一搏的新一代主战坦克。

1975年74式坦克的量产仍持续进行之际，日本防卫厅便决定研发一种技术水平与当时仍在测试的美国M1、德国豹-2同级的新一代坦克，由防卫厅技术研究本部第四研究所主导，并邀集日本诸多知名民间产业参与。

在1976年，防卫厅技术研究本部提出初步设计，代号为STC，意为日本第三代主战坦克原型车，在1977年进行设计发展，在1980年推出首批两辆原型车。

由于日本尽可能在三代坦克上使用自制组件，导致研发时程大幅延长，并且遇到若干障碍。在1985年7月的装备审查会议中，当局决定放弃日本国产120毫米坦克炮，改向德国引进著名的Rh-120毫米44倍径滑膛炮，并依此进行第二批原型车的制造。

三代坦克第二批4辆原型车在1986至1988年间陆续推出，换装Rh-120主炮，在1987年9月至1988年12月进行第二阶段的测试。4辆原型车总行驶里程约20500千米，共射击3100发炮弹。1989年12月15日审查定型，1990年8月6日正式依照年份命名为90式并投入量产。

90式坦克车体与炮塔由钢板焊接而成，炮塔前方与车身正面安装了三菱重工的制钢厂研发的新型复合装甲，其余重要部位则以间隙装甲补强，炮塔顶部也加装特殊装甲以抵抗日渐盛行的攻顶武器。

90式坦克的复合装甲以两片冷轧含钛高强镀钢板包夹纤维蜂窝状陶瓷夹层而成，两片外钢板内侧并装有轻金属。此外，90式坦克的外形紧致低矮，减低了重量与被弹面积。

与早期型M-1相同，90式同样采用个人式的核生化防护装置，其进气口设于车体右侧，乘员需透过通气管与面具从中央过滤机获得干净空气；之所以舍弃全车加压式系统是因为这类系统在实用上仍有问题。此外，90式的战斗室、弹药舱都设有自动化的灭火系统，采用不会伤害人体的二氧化碳作为灭火剂。

90式坦克的动力系统采用一体化设计，引擎、变速箱与相

关冷却系统被整合为一个单一的矩形单元，使得吊装、后勤维修作业十分便捷迅速。

其中，3个发动机散热器位于变速箱上方，与混流风扇同时使用，风扇由液压马达驱动，可根据发动机和传动装置的温度进行变速，而发动机空气滤清器则安装在传动装置的两侧。90式坦克功率重量之比高达每吨30马力，为全球主战坦克之冠，机动性能极为优异。

90式坦克采用复合液气压和扭力杆悬吊系统，以获得液气压悬挂的优异避震性与调整俯仰能力。90式坦克拥有6对承载轮，其中第1、2、5、6对承载轮由液压悬吊支撑，中央的第3、4对则采用扭力杆，如此能节省一些成本。

90式的液压悬吊系统能进行姿态调整，两侧设顶支轮，能前后俯仰，不能左右倾斜。这是由于90式的火控系统精良、主炮火力强大，能在行进间对敌进行精确攻击，所以可在缺乏地形掩护的地带与苏联主战坦克正面交锋，不必顾及侧翼。

90式的武装设计采用一门Rh-120毫米44倍径滑膛炮，设有热套筒、炮膛排烟器以及炮身测曲器。Rh-120为最著名的现代坦克炮，除了豹-2之外亦被美国M1A1/A2采用。

90式坦克最独特之处，莫过于采用自动装填系统，使得车上乘员减至3人，并且拥有每分11发的高射速。自动装填一向是俄系坦克的专利，同时期的西方坦克除了90式之外，仅有法国勒克莱尔坦克采用自动装填。

90式坦克的自动装填系统由三菱重工研发，与勒克莱尔的系统类似，都是炮塔尾舱平推式，采用弹带输送弹药，优于俄国坦克的旋转式自动装填系统。

90式坦克共可搭载40发主炮弹药，其中约25发储存于炮塔尾部的自动装填系统中，另15发则位于驾驶座右侧的弹舱内，自动装填系统由炮手的计算机控制弹种选择，炮弹依照种类摆放在特定弹位；装填时系统依照炮手选择的弹种，将该弹种的弹位转到提取位置并填入炮膛。

辅助武装方面，90式配备一挺12.7毫米口径车长高射机枪以及一挺74式7.62毫米口径同轴机枪，两者备弹数目分别为600发与3500发。12.7毫米高射机枪设置于车长舱盖与炮手舱盖之间，车长与炮手都能操作。

90式原型车的炮塔两侧各有4具纵列的烟幕弹发射器，不过早期的量产车型仍使用与74式坦克相同的73式三联装烟幕弹发射器，后期型则改为与原型车相同的形式。

火控观测方面，90式坦克配置一具炮手瞄准仪，整合有红外线热影像仪、钕-钇石榴石激光测距仪与稳定系统，以及一具独立稳定式车长日间全周界瞄准仪，整个系统核心为一具数位弹道计算机。

炮塔与主炮的伺服稳定装置与前述观瞄装置连动，使主炮能追随瞄准仪的视界进行瞄准；此外，炮手还有一具与主炮同轴的备用管状瞄准镜。

弹道计算机是90式坦克火控系统的核心，能依据自动由传感器输入或由人工输入的各项信息如横风、气压、目标距离、目标未来位置、视差修正量、炮耳倾斜度、炮膛磨损度、发射弹种等计算出火炮瞄准线、前置角等射击参数，并控制瞄准仪的瞄准线自动锁定，遂获得优秀的首发命中率。

拓展阅读

三菱重工是日本最大的军工生产企业。三菱重工生产的装备，如F-2和F-15J型战斗机，以及90式坦克，在航空自卫队和陆上自卫队中都起到了核心作用；在海上自卫队，三菱重工则建造了几乎一半的潜艇和三分之一的驱逐舰，其在日本军工行业的地位可见一斑。